口絵 1　新型燃料電池自動車（CLARITY FUEL CELL）

ホンダは 2016 年 3 月 16 日に発売した新型燃料電池自動車（FCV）に，量産車としては世界で初めて SiC デバイスを採用した．燃料電池スタックの出力電圧を最大 500 V まで昇圧する「FC 昇圧コンバータ」の昇圧制御部にフル SiC を用いた IPM（インテリジェントパワーモジュール）を採用している．

口絵 2　新型日産リーフ（コンパクトで高効率なパワートレイン）

2017 年 10 月に発売が始まった第二世代の新型リーフのパワートレインは，150 ps の最高出力，32.6 kgf・m の最大トルクを生み出すモータ，モータの駆動，減速（回生）時の動作を制御するインバータ，モータの回転速度をタイヤの速度に変換して伝達する減速機，充電器や DC/DC コンバータさらにはジャンクションボックスなどが結合された PDM（パワーデリバリーモジュール）などが一体化されて軽量化・小型化を実現している．ホイールベース間に搭載されるリチウムイオン式駆動用バッテリは 40 kW・h の大容量であり，これにより JC08 モードでの航続距離は 400 km となり，初代リーフの 2 倍に伸びている．［日産：技術開発の取り組み「e-パワートレイン」より引用］

口絵 3　東海道新幹線の新型車両「N700S」

JR 東海が 2020 年ごろに運行開始予定の東海道新幹線の新型車両「N700S」は，SiC 素子のパワー半導体を駆動システムに使用した世界初の高速鉄道車両となる．SiC 素子を使った駆動システムは従来の N700 系の駆動システムと比べて約 20％軽量化され，小型化も実現できるため，設計の自由度が向上する．［提供（協力）：JR 東海］

口絵 4　小田急フル SiC 電車（小田急 1000 形リニューアル）

小田急電鉄では，主回路素子であるトランジスタとダイオードをともに SiC 化した「フル SiC パワーモジュール」を適用した VVVF インバータ装置を鉄道車両に搭載し，世界初の営業線適用を果たし，運転電力が既存システムの約 40％減という高い省エネ効果を確認した．この成果は発生ロスの 10％以上を占める「モータ」および「回生ブレーキ」に着目して SiC パワーモジュールの特性を活用することで開発を進めてきた結果である．

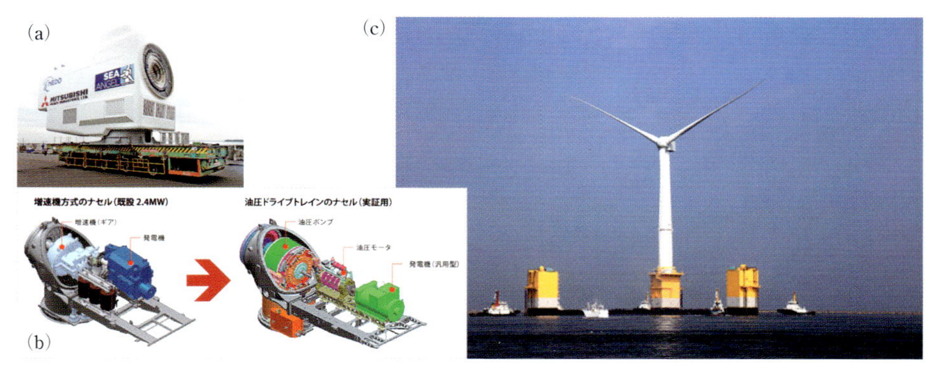

口絵 5　7 MW 浮体式洋上風力発電船（ふくしま新風）

“ふくしま新風”は浮体式では世界初，世界最大の油圧ドライブトレインを採用し，風車ローター径は 167 m，ブレード先端高さ 189 m の世界最大級の 7 MW 浮体式洋上風力発電船である．三菱重工業株式会社が開発した新型油圧ドライブトレインは，翼が受けた風力エネルギーを油圧ポンプ内で高圧の油圧エネルギーに変換・油圧ポンプに伝達し，デジタル制御により電力系統の周波数に見合う回転数まで昇速し，発電機を稼働させる．従来のドライブトレインでは難しかった，大型化に伴う様々な課題を解決するとともに，さらなる大型化が進む次世代風車への適用が期待できる画期的な技術である．［(a)，(b) は三菱重工業株式会社提供，(c) は福島洋上風力コンソーシアム提供］

口絵 6　アンプ内蔵型サーボモータ

安川電機は，AC サーボドライブΣ-7 シリーズの新たなラインナップとして，世界で初めて GaN パワー半導体を搭載したアンプ内蔵サーボモータを開発し，2017 年 5 月より販売を開始した．アンプ内蔵型サーボモータ（Σ-7F モデル）は，今までサーボドライブを構成していたサーボモータとサーボパック機能を一体化させることで，従来のサーボパックのアンプ部と比較し体積比 1/2 とし，装置や制御盤におけるサーボドライブシステムのさらなる小型化・高効率化を実現する．［株式会社安川電機公式ウェブサイトより転載］

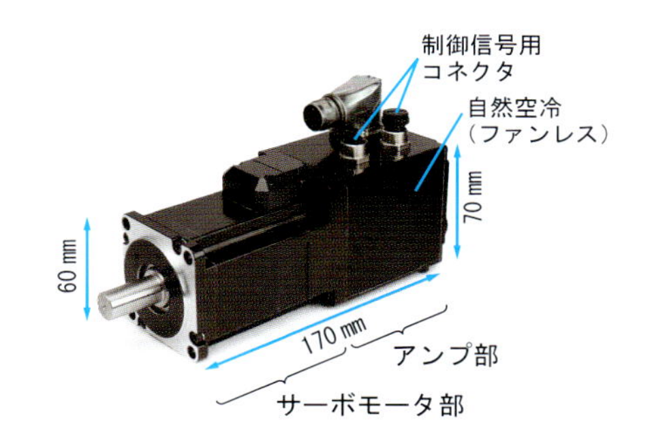

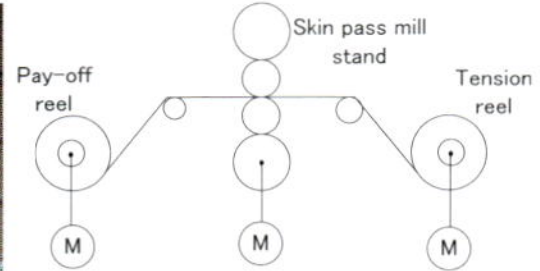

Skin Pass Mill 構成図

安川電機・MC ドライバ

口絵 7　中山製鋼所・調質圧延機（Skin pass mill）
鋼板，特に冷延鋼板は冷間加工によって靭性が減少し強度が増大する性質があり，使用に適するよう材質を調整し靭性を増す必要がある．このため鋼板を焼鈍し内部応力を除去したのち，結晶粒子を細かくするため行われる軽い冷間圧延を調質圧延という．本装置では，重負荷で低速連続運転と回生動作が要求されるドライバ装置として 3,300 V，3,000 kVA の株式会社安川電機製マトリクスコンバータが採用されている．［画像は IEEE Industrial Electronics Magazine, **5**(1), March 2011 より掲載］

口絵 8　周波数変換システム
長距離のため交流では直結できない系統間の連携や 50 Hz と 60 Hz の電力系統間を連携するため周波数変換装置として AC-DC-AC リンクが用いられる．図は東芝エネルギーシステムズ株式会社が製作した新信濃変電所新 1 号周波数変換システムの 50 Hz 側サイリスタ装置であり，光サイリスタバルブを用い DC 125 kV-1200 A × 2 群 -300 MW の 50 Hz–60 Hz の周波数変換を行う．［東芝エネルギーシステムズ株式会社ウェブサイトより引用］

パワーエレクトロニクス入門 第3版

小山　純
根葉保彦
花本剛士
山田洋明
［著］

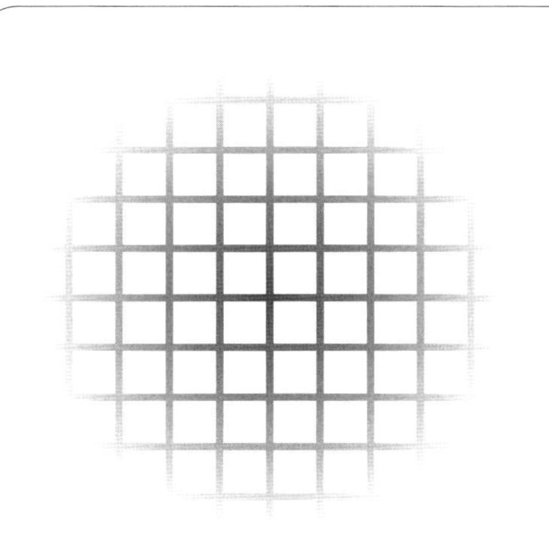

朝倉書店

まえがき

『最新 パワーエレクトロニクス入門』は，初版本『パワーエレクトロニクス入門』の改訂版として，2012年2月に出版された．多くの大学・高専の教科書に採用され，パワーエレクトロニクスの教育や普及に一定の役割を果たしていると自負している．

最近の電力用半導体素子の進歩は目覚ましいものがある．パワーエレクトロニクスの現在の主役となっているIGBTも年々改良が進み，性能が向上している．また，技術が成熟し限界が囁かれ始めたシリコン半導体に替わり，より高周波スイッチング・高温動作ができ，低損失のSiCやGaNを用いた新しい電力用半導体素子（いわゆるWBGデバイス）が開発され，実用化が進んでいる．

これらのWBGデバイスを活用した次世代のパワーエレクトロニクス装置の開発も進んでいる．具体的には，スイッチング周波数の高周波化によって実現した入出力正弦波ドライブ装置（マトリクスコンバータ），高温動作が可能な特徴を活かしてインバータとモータを一体化した機電一体ドライブシステム，高効率化と高周波化による受動部品の小型化によって実現したアンプ内蔵型サーボモータなどが挙げられる．

『パワーエレクトロニクス入門 第3版』では，新しい技術動向に合わせて記述を追加・変更するとともに，広く用いられているシリコン半導体デバイスに加えて，WBGデバイスの原理と特徴の説明を追加している．さらに，WBGデバイスを活用した新世代のパワーエレクトロニクス装置の現状と将来についての記述を加えている．

本書が高専，大学学部学生を対象とした教科書としてだけでなく，現場技術者の自習書としても役立つことを期待している．

2018年2月

著者代表　小　山　　純

目　　次

1　電力用半導体素子

電力用半導体素子はパワーエレクトロニクス技術の基本となる回路素子である．パワーエレクトロニクス技術は，1957年のGE社によるサイリスタの発明に始まり，電力用半導体スイッチの進歩とともに発展してきた．現在広く用いられている電力用半導体素子には，ダイオード，パワートランジスタ，MOSFET，IGBT，サイリスタ，GTOサイリスタ，GCTサイリスタなどがある．パワートランジスタやMOSFETは，電子回路や通信機器に用いられている小容量の同種の半導体素子と動作原理は同じであるが，スイッチングモードで動作し，大容量（高電圧，大電流）の電力用スイッチとして構造上も工夫がこらされている．

半導体材料にシリコンを用いたシリコン半導体素子が広く用いられているが，近年，より性能が優れたSiC（炭化ケイ素）やGaN（窒化ガリウム）を用いたWBG（ワイドバンドギャップ）デバイスが開発され，実用化が始まっている．

本章では，まず広く用いられているシリコン電力用半導体素子について概説し，それぞれの素子の特徴を明らかにする．また半導体素子を利用するうえで重要な，損失の発生とスナバ回路について述べる．

さらに新しいWBGデバイスの特徴や優位性について概説し，新しいデバイスで可能になるパワーエレクトロニクスの未来を展望する．

1.1　各種電力用半導体素子

1.1.1　ダイオード

(1)　基本構造

ダイオード（diode）は，図1.1に示すよう

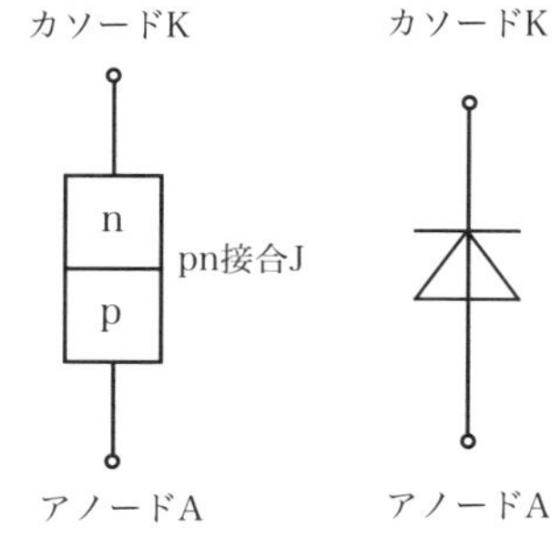

図1.1　ダイオード

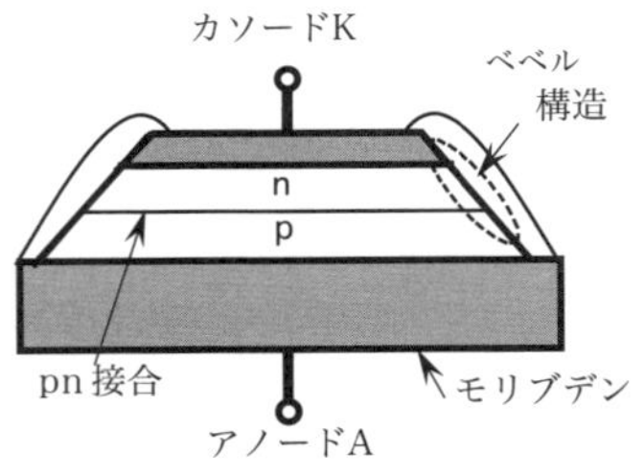

図 1.2　ダイオードの基本構造

に **pn 接合 J** 1 個を持ち，アノード A からカソード K の 1 方向のみに電流を流す半導体素子である．電力用ダイオードには，商用周波数や 1 kHz 以下の周波数の交流の整流に用いられる**一般整流用**と，DC–DC 変換装置や DC–AC 変換装置に用いられる**高速スイッチング用**がある．

図 1.2 に電力用シリコン整流ダイオードの一般的な構造を示す．必要な厚みと所定の抵抗率を持つ n 形シリコンウェーハ中にボロン，アルミニウム，ガリウムなどの 3 価の元素を熱拡散することにより，pn 接合が形成される．120～150 mm の大口径シリコンウェーハの開発により，シリコン整流ダイオードの大電流化が可能となった．また，接合表面に電界が集中し表面電界が内部電界より大きくなるのを避けるため，端面に大きな傾斜をつける**ベベル構造**が採用され高耐圧化が進んだ．2017 年現在，一般整流用として［電圧容量 6,000 V，電流容量 5,000 A］の素子が，高速スイッチング用として［電圧容量 6,000 V，電流容量 3,000 A］の素子が市販されている．

(2)　定常特性

図 1.3，図 1.4 にシリコン整流ダイオードの一般的な定常特性を示す．1 V 以下の順電圧ではほとんど電流は流れないが，1 V を超えると急速に電流が流れ，ほとんど導体とみなすことができる．一方，逆バイアス領域ではわずかに

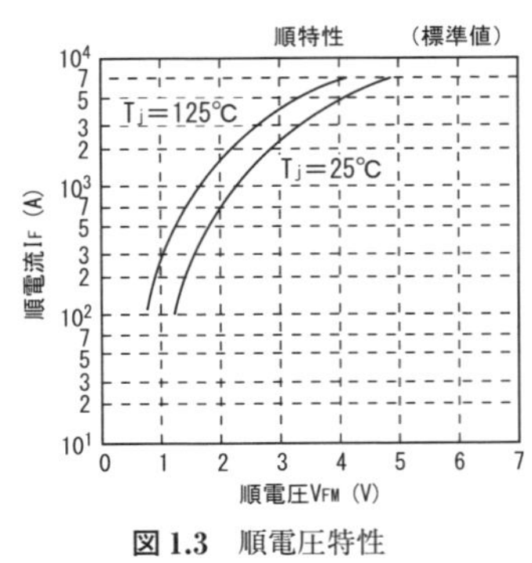

図 1.3　順電圧特性
三菱電機6,000 V，3,000 A.

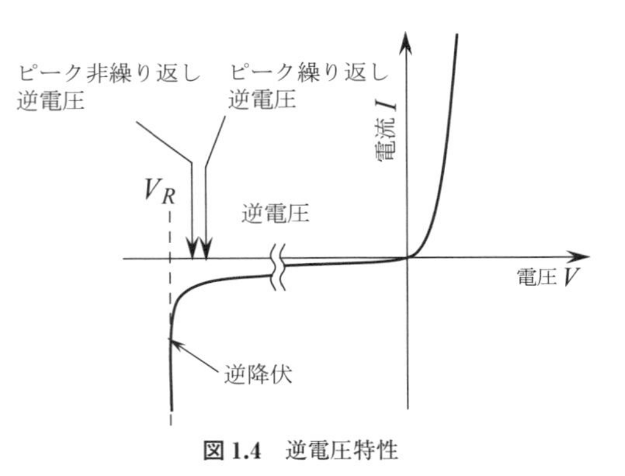

図 1.4　逆電圧特性

漏れ電流が流れる程度であるが，逆電圧がある値 V_R に達すると急に逆電流が増大し，素子は破壊にいたる．この電圧を**逆降伏電圧**（reverse breakdown voltage）と呼ぶ．なお，シリコン整流ダイオードの定格値として**ピーク繰り返し逆電圧**や**ピーク非繰り返し逆電圧**が V_R よりやや小さい値に定められている．

(3)　ターンオフ特性

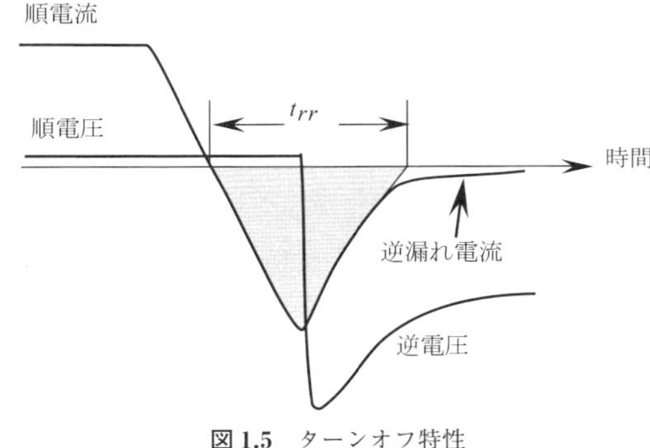

図 1.5　ターンオフ特性

オン状態にあるダイオードに逆電圧を加えると，キャリアが再結合し，**空乏層**（depletion region）が形成されるのに時間がかかるため，図 1.5 に示すように一時的に大きな逆電流が流れる．この逆電流が流れる期間を**逆回復時間**（reverse recovery time）t_{rr} と呼ぶ．高速用ダイオードでは，金や白金などの重金属拡散や放射線照射などで再結合時間を短縮することにより逆回復時間の短縮が図られている．

空乏層が形成されはじめると，素子の伝導率は急激に減少する．そのため逆電流は急激に減少するが，回路のインダクタンス L のために，大きな逆電圧 $L(di/dt)$ が素子に加わることがある．

1.1.2　パワートランジスタ

図 1.6 に**パワートランジスタ**（power transistor）の基本構造を示す．直流電流増幅率が高くスイッチング時間が短い，大容量（高電圧，大電流）のパワートランジスタを実現するために，以下に示すような数々の構造上の工夫がなされた．

① 高抵抗基板 n の裏側にコレクタ部となる n^+ 層を拡散し，表からベースとなる p 層とエミッタ部の n 層を拡散することによって，図 1.6 に示すような $npnn^+$ 構造を形成し，スイッチング速度や電流増幅率の低下をもたらすことなく高耐圧化を図った（メサ形）．

② LSI やメモリの製造過程で開発された高精度のパターン製造技術を導入し，大口径のシリコンウエーハ基板上に細かいパターンのベース（p 層）とエミ

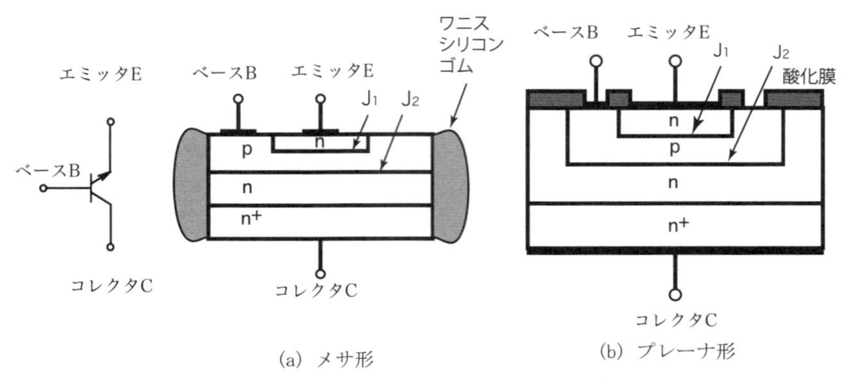

(a) メサ形　　(b) プレーナ形

図 1.6　パワートランジスタの基本構造

ッタ（n 層）を形成し，スイッチング時間が短い多数の小電流トランジスタが並列接続された構造を実現することによって，高速大電流化を図った（プレーナ形）．

③ オン状態でのコレクタ–エミッタ間電圧 V_{CE} すなわちオン電圧を小さくするためには，比較的大きなベース電流を流す必要がある．高耐圧，大電流用パワートランジスタを実現するためには，図 1.7 に示すような 2 段あるいは 3 段の前段トランジスタを設けたダーリントン構造が必要になる．

パワートランジスタは，ベース電流を流すことによってコレクタ電流を制御する電流駆動形であり，取り扱う電力が大きくなると駆動回路が大型化するという欠点がある．また高耐圧化にも限界があるため，現在では，よりスイッチ

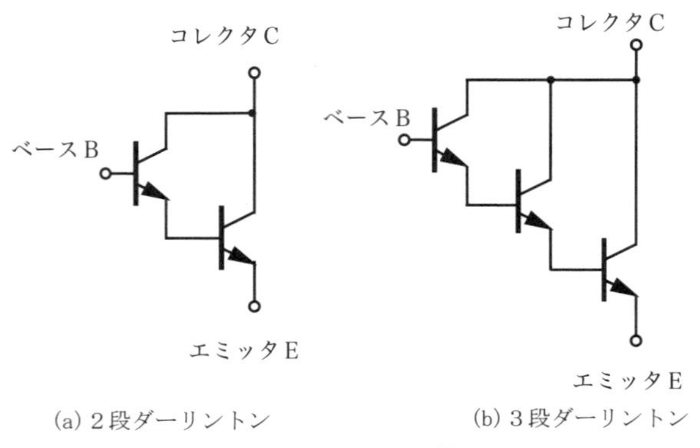

(a) 2 段ダーリントン　　(b) 3 段ダーリントン

図 1.7　ダーリントン接続

ング速度が速く損失が少ない電圧駆動形の MOSFET や IGBT に置き替わってしまった．

1.1.3　MOSFET，IGBT

本項では，まず **MOSFET** の原理について簡単に説明する．さらに IGBT の構造および動作原理を MOSFET と比較して説明するとともに，その特性について述べる．

(1)　MOSFET の構造と原理

図 1.8 に縦型構造の MOSFET の基本構造を示す．MOSFET は metal oxide semiconductor field effect transistor の頭文字を取って名づけられたもので，ゲート構造が MOS（金属 metal－酸化膜 oxide－半導体 semiconductor）構造となっている．ゲートに正の電圧を加えると，ゲート真下のシリコン表面に電圧に比例した負の電荷（電子）が現れ，シリコン表面が p 形から n 形に反転する．すなわちソースの n 形とドレインの n 形が，反転した n 形によって短絡された形となり，ドレイン–ソース間に電圧を加えるとドレイン電流が流れる．この電流が流れる反転部分を**チャンネル**（channel）と呼んでいる．MOSFET はゲートに正電圧を加えると導通し，負（または 0）の電圧を加えると遮断する電圧駆動形であり，駆動電力が小さいという特長がある．また，多数キャリアを用いる素子であり，少数キャリアを用いたパワートランジスタに比べて，高速スイッチングが可能である．その半面チャンネルに電流が集中するためオン電圧が大きくなり，大容量化が難しいという問題があったが，1.3 節に述べる WBG デバイスの採用により大容量化が可能になった．

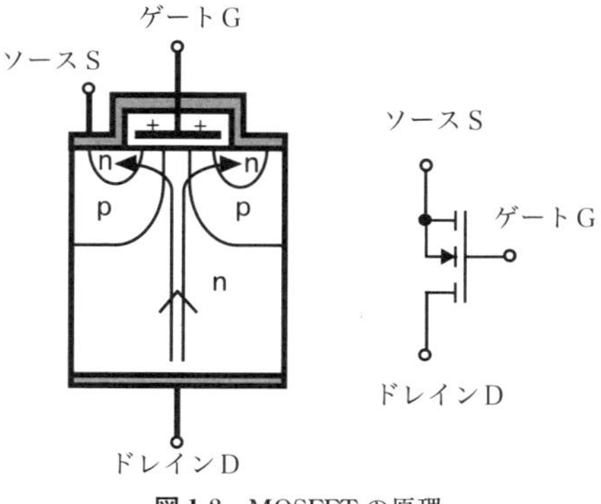

図 1.8　MOSFET の原理

(2)　IGBT の構造と原理

IGBT（insulated gate bipolar transistor）は 1982 年にアメリカの GE 社が開発したスイッチング素子であり，その後の高速化・低損失化・大容量化を目指した研究開発の結果，現在ではパワートランジスタに替わってスイッチング素

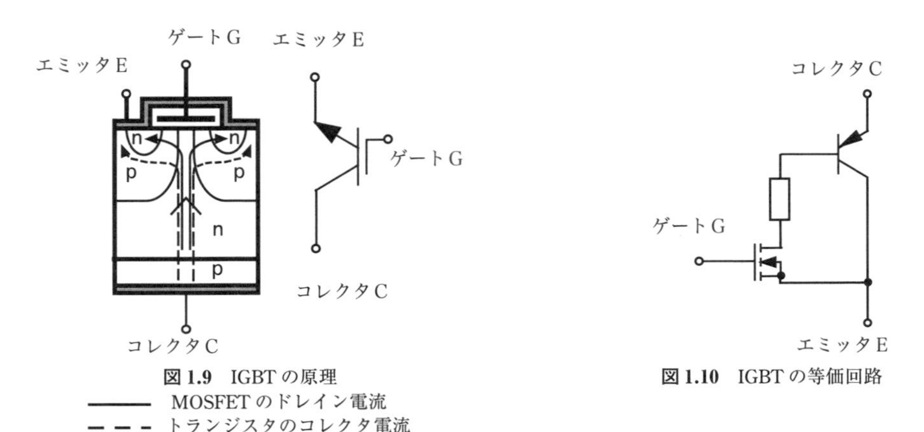

図 1.9　IGBT の原理
——— MOSFET のドレイン電流
– – – トランジスタのコレクタ電流

図 1.10　IGBT の等価回路

子の主役として広く用いられている．

IGBT は絶縁ゲート形のバイポーラトランジスタであり，MOSFET とパワートランジスタを 1 チップの素子上に組み込んだ構造をしている．図 1.9 に IGBT の基本構造を，図 1.10 にその等価回路を示す．IGBT は，図 1.8 に示した MOSFET のドレイン側に p 形のエミッタを付け加えた構造となっている．

ゲートに正の電圧を加えると，MOSFET と同様にチャンネルが形成され，n 層に電子が流入する．この n 層は pnp トランジスタのベースに相当するため，p 層のエミッタからは正孔が注入され，トランジスタ効果によってエミッタ–コレクタ間は導通し，大きな電流が流れる．

(3)　IGBT の出力特性

図 1.11 に［3,300 V, 1,500 A］の IGBT の外観図を，また図 1.12 に出力特性を示す．IGBT は，トランジスタと同様ほぼ定電流特性を示すが，トランジスタがベース電流で制御されるのに対し，IGBT はゲート電圧で制御される電圧制御素子であり，制御電力が小さいという特長を持つ．前述のように，IGBT は MOSFET とトランジスタを 1 チップに複合した素子であり，トランジスタの持つ小さなオン電圧と MOSFET の持つ高速性を兼ね備えた優れた特性を持っている．

(4)　スイッチング特性

図 1.13 に IGBT のターンオン・ターンオフ特性を示す．ゲート電圧が 10%

図 1.11　IGBT の外観図
三菱電機 3,300 V, 1,500 A.

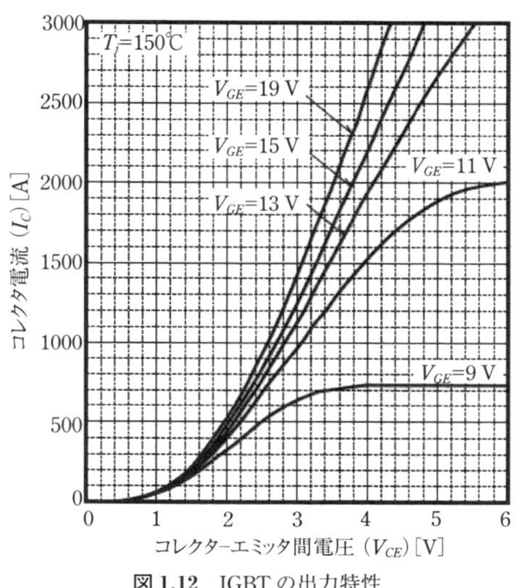

図 1.12　IGBT の出力特性
三菱電機 3,300 V, 1,500 A.

立ち上がった時点からコレクタ電流が定格値の 10% に増加するまでの時間を**遅れ時間**（turn on delay time）t_d，10% の時点から 90% に増加するまでを**立ち上がり時間**（rise time）t_r と呼んでいる．なお，**ターンオン時間**（turn on time）t_{on}

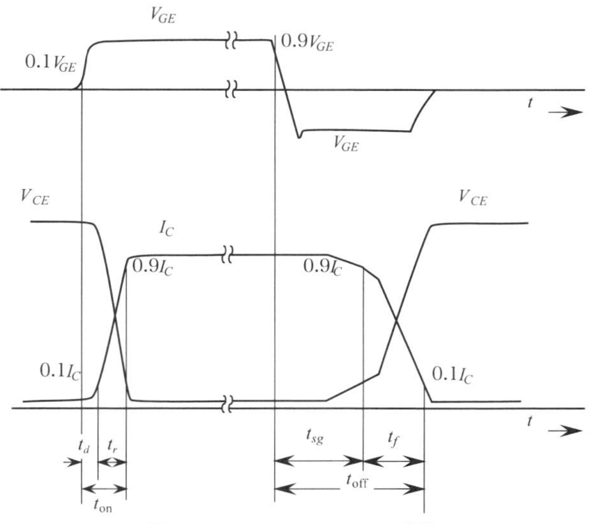

図 1.13　IGBTのスイッチング特性

は t_d と t_r の合計である．

また，ゲート電圧が 10% 減少した時点からコレクタ電流が 10% 減少するまでを**蓄積時間**（turn off delay time）t_{sg}，コレクタ電流が 10% 減少した時点から 90% 減少する時点までを**下降時間**（fall time）t_f と呼ぶ．**ターンオフ時間**（turn off time）$t_{\rm off}$ は t_{sg} と t_f の和で定義される．これらの時間は，IGBT の容量，コレクタ電流やゲート電圧の値によっても変化するが，図 1.11 に示す［3,300 V, 1,500 A］の IGBT の場合，ターンオン時間は 1.25 μs，ターンオフ時間は 3.15 μs である．

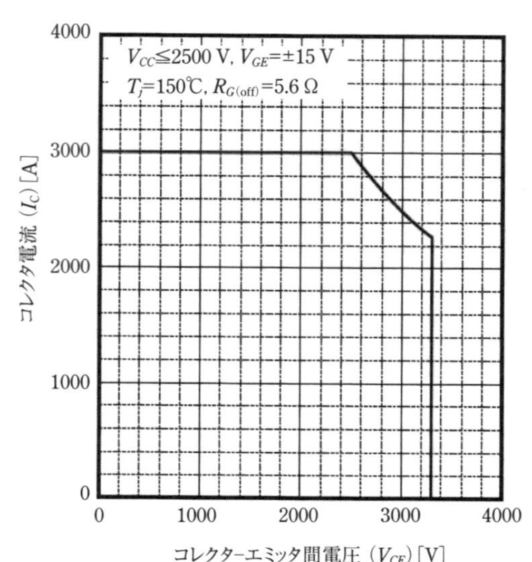

図 1.14　逆バイアス安全動作領域（RBSOA）
三菱電機 3,300 V，1,500 A.

(5)　安全動作領域 SOA

IGBT を「安全」に使用できる範囲，すなわち指定された電圧・電流範囲内であれば IGBT を破壊することなく安全に使用できる範囲を**安全動作領域**（SOA：safe operating area）と呼ぶ．図 1.14 は逆バイアス SOA と呼ばれ，ゲートに指定された逆電圧を加えターンオフするときの SOA である．コレクタ電流の許容値（通常，定格値の 2 倍に設定），コレクタ–エミッタ間電圧の定格値，ターンオフ時の損失で制限される．

この安全動作領域 SOA はゲートに接続されている回路の状態によって異なるので，逆バイアス SOA のほか，ゲートに順バイアス電圧を加えた場合の順バイアス SOA，負荷を短絡した場合の短絡回路 SOA の 3 種類の安全動作領域 SOA が定義されている．

(6)　トレンチゲート構造 IGBT，第七世代 IGBT

IGBT の技術革新は著しく，数年ごとに世代交代が図られてきた．現在の IGBT は第七世代といわれている．第三世代までは微細化技術により高性能化

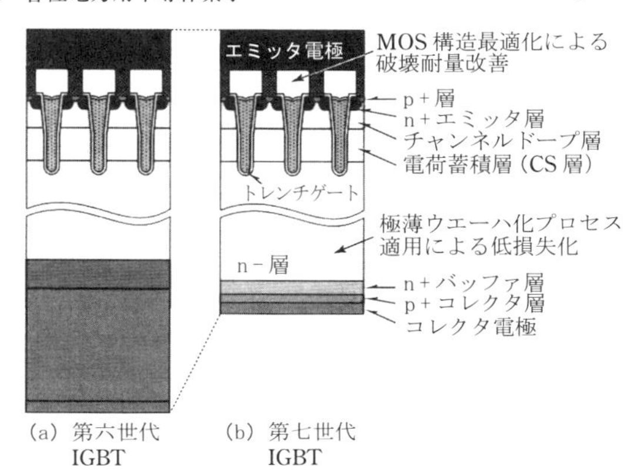

（a）第六世代 IGBT　（b）第七世代 IGBT

図 1.15　IGBT 構造図［三菱電機］

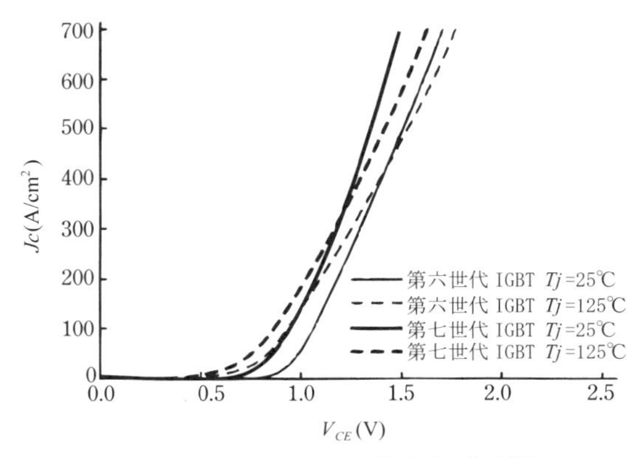

図 1.16　IGBT の飽和電圧特性［三菱電機］

が図られてきたが，第四世代では微細化技術に加えて**トレンチゲート構造**という革新的な構造が導入され，チャンネル断面積を増やし，コレクタ–エミッタ間飽和電圧を小さくすることにより損失を大幅に減らすことができた．

図 1.15 に第六世代，第七世代 IGBT の構造を比較して示す．トレンチゲート構造とともに電荷蓄積層（CS 層）が設けられており，**電荷蓄積型トレンチゲートバイポーラトランジスタ**と呼ばれている．さらに，第七世代では極薄ウエーハ化プロセス技術を適用してさらなる低損失化が図られている．図 1.16 にそれらのコレクタ–エミッタ間飽和電圧特性曲線を示す．

IGBT の性能はしばしば FOM（figure of merit）で示される．FOM はチップサイズを決めるコレクタ電流密度 J_C（A/cm^2），定常損失を決めるコレクタ–エミッタ間飽和電圧 $V_{CE(sat)}$(V)，ターンオフ損失 E_{off}（mJ/A）の値を用いて次式で示される．

$$\mathrm{FOM} = J_C / (V_{CE(sat)} \times E_{\mathrm{off}})$$

IGBT の進歩によりパワーエレクトロニクス装置の省電力化は大きく前進した．現在の第七世代の IGBT を用いた装置の FOM は耐圧 1,200 V 級の IGBT の場合，第一世代のそれの 15 ～ 18 倍といわれている．

(7)　IPM

図 1.17　第七世代 IGBT 搭載 IPM
三菱電機 1,200 V，200 A.

近年，汎用インバータ，AC サーボ，太陽光発電，風力発電，電気自動車などの用途では，装置の高性能化，小型化，低損失化に加えて，使いやすさや環境への配慮など新しい要求も高まっている．そこで特定の用途に特化し，必要な複数の電力用半導体素子とそのドライブ回路さらに保護回路や制御回路を 1 つのパッケージに組み込みシステムとした IPM（intelligent power module）が開発され，広く用いられるようになった．図 1.17 にその一例を示す．この IPM の場合，1,200 V，200 A の第七世代 IGBT を用いた三相インバータとそのドライブ回路，保護回路ならびに制御回路が 85 mm × 120 mm × 24 mm のパッケージの中に組み込まれている．

1.1.4　サイリスタ，GTO サイリスタ

(1)　サイリスタの構造と原理

サイリスタ（thyristor）は 1957 年にアメリカの GE 社によって開発された．パワーエレクトロニクスの歴史は，サイリスタとともに始まり，この素子を用いた回路技術の発展によって支えられたといえる．図 1.18 にサイリスタの基

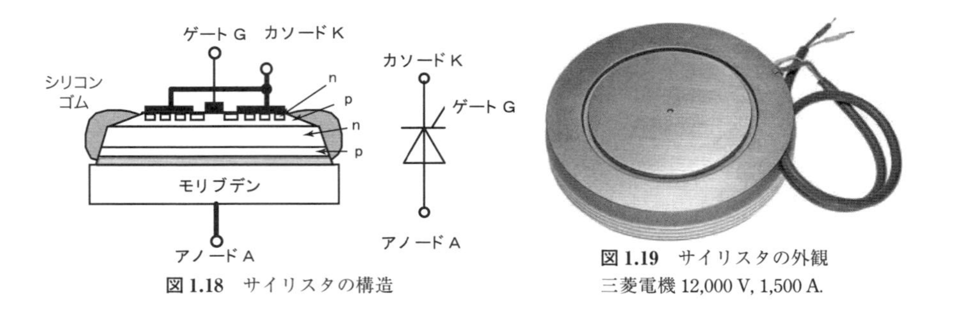

図 1.18　サイリスタの構造

図 1.19　サイリスタの外観
三菱電機 12,000 V, 1,500 A.

本構造を，図 1.19 に外観を示す．図に示すように pnpn の 4 層構造をなし，アノード A，カソード K ならびにゲート G の 3 端子を持ち，アノードに正，カソードに負の電圧を加えた状態でゲートに正のパルス電圧を加えると導通する．自分で消弧する能力はなく，消弧するためにはアノード電流を**保持電流**（hold current）と呼ばれる値以下にするか，逆バイアス電圧を加えることが必要である．

サイリスタの点弧動作は，pnp と npn の 2 つのトランジスタを用いた図 1.20 に示す等価回路で説明することができる．

いま，接合 J_2 を通過する電流を求めると，次のように書ける．

$$\left.\begin{aligned} I_{C1} &= M_P\,\alpha_p\,I_A \\ I_{C2} &= M_n\,\alpha_n\,I_K = I_{B1} \\ I_A &= I_{C1} + I_{C2} \\ I_K &= I_A + I_g \end{aligned}\right\} \qquad (1.1)$$

ただし，α_p，α_n は各トランジスタの電流増幅率，M_p，M_n は接合 J_2 における正孔および電子のなだれ増幅係数である．

式（1.1）からアノード電流 I_A を流すために必要なゲート電流 I_g を求めると次のように書ける．

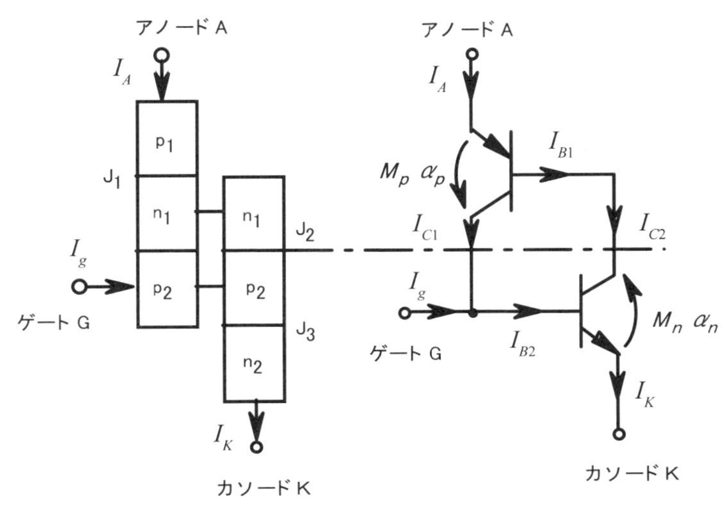

図 1.20　サイリスタの等価回路

$$I_g=\frac{1-(M_p\alpha_p+M_n\alpha_n)}{M_n\alpha_n}I_A \tag{1.2}$$

すなわち，安定したアノード電流を継続して流すためには，式（1.2）に示す I_g 以上のゲート電流を流す必要がある．シリコントランジスタの場合，α の値はエミッタ電流が小さいときわめて小さいが，大きくなるにつれ急激に増大する．なだれ増倍係数 M も，コレクタ–エミッタ間電圧が低いときはほとんど1に等しいが，高くなるにつれ増大する．いま，サイリスタに所要のゲート電流を与えると，npn トランジスタのベース電流が流れ α_n が増大する．これにより $I_{C2}=I_{B1}$ が流れ，トランジスタ作用により α_p も増大する．ところで，必要なゲート電流の値 I_g は

$$M_p\alpha_p+M_n\alpha_n\geq 1 \tag{1.3}$$

だと，ゼロまたは負となる．すなわち α_p，α_n が増大し，条件式（1.3）が満足されると，ゲート電流を流さなくても，継続してアノード電流が流れ続けることを示している．

光エネルギーによる励起によっても α の値は増大し，条件式（1.3）を満足することができる．この原理を利用して**光トリガサイリスタ**が開発され，電力系統など高電圧が必要な分野で用いられている．なお dv/dt が大きすぎても α_p，α_n は増大し，誤点弧することがある．また，過大な印加電圧が加わると M_p，M_n が増大し，素子はブレークダウンする．

(2)　GTO サイリスタの構造と原理

前述のサイリスタは，一度導通するとゲート信号によってはターンオフできず外部の転流回路の助けによりターンオフする，いわゆる転流ターンオフ形デバイスであるのに対し，**GTO サイリスタ**（gate turn off thyristor）は，負のゲート電流によってターンオフする自己消弧形デバイスである．大口径シリコンウェーハの製造技術の進歩に加え，VLSI の微細パターン加工技術が導入され，高電圧・大電流の GTO サイリスタの製造が可能になった．現在では，特に高電圧が必要で光直接点弧サイリスタが用いられている分野を除き，従来サイリスタが用いられていた電力，電鉄，産業応用などほとんどの分野で GTO サイリスタが採用されるようになった．現在［4,500 V, 4,000 A］クラスの素子が市販されている．

GTO サイリスタも一般のサイリスタと同様 pnpn の 4 層構造からなっている．したがって GTO サイリスタをターンオンするためには，前述の条件式（1.3）を満足すればよい．通常の状態では $M_p=M_n=1$ であるから，導通状態では次の条件が満足されている．

$$\alpha_p+\alpha_n\geq 1$$

GTO サイリスタをターンオフするためには，式（1.2）で与えられるゲート電流よりも絶対値が大きい負のゲート電流を与えればよい．図 1.20 のゲート－エミッタ間に負の電圧を加え，J_3 を逆バイアスすると，npn トランジスタはオフ状態となる．したがって $I_{C2}=I_{B1}=0$ となり pnp トランジスタもオフ状態となり，結果として $\alpha_p+\alpha_n<1$ が実現する．しかしながら，J_3 の逆バイアスによりターンオフする領域はゲート電極の近傍に限られるため，オン状態の領域で局部的な電流集中が発生し，GTO サイリスタが破壊される恐れがある．そのために，GTO サイリスタは，精細なパターン加工技術により基本ユニット構造の素子が多数並列接続された構造になっている．図 1.21 に GTO サイリスタの外観図を示す．

ターンオン時の正のゲート電流やターンオフ時の負のゲート電流を小さくするためには，α_p の値を一般のサイリスタと比較してかなり小さく，逆に α_n の値を大きくする必要がある．α_p の値を小さくする方法としては，

① n_1 層での再結合を速めるために，金や白金などの重金属を拡散する．
② 図 1.22 に示すようにアノード・エミッタを短絡し，p エミッタからの正孔の注入を抑制する．

などの方法が用いられている．

図 1.21　GTO サイリスタ外観
三菱電機 4,500 V，4,000 A.

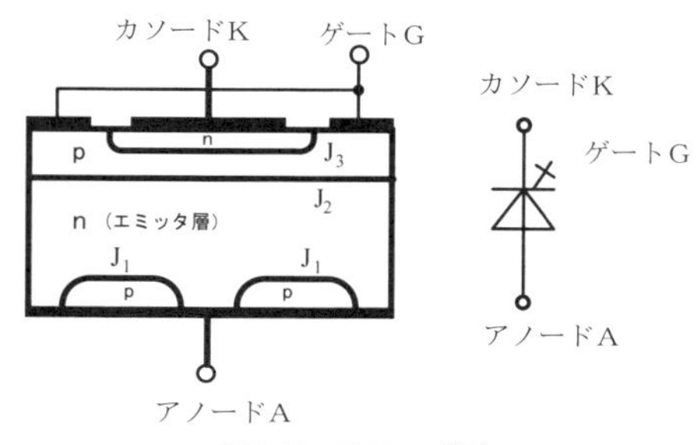

図 1.22　GTO の構造

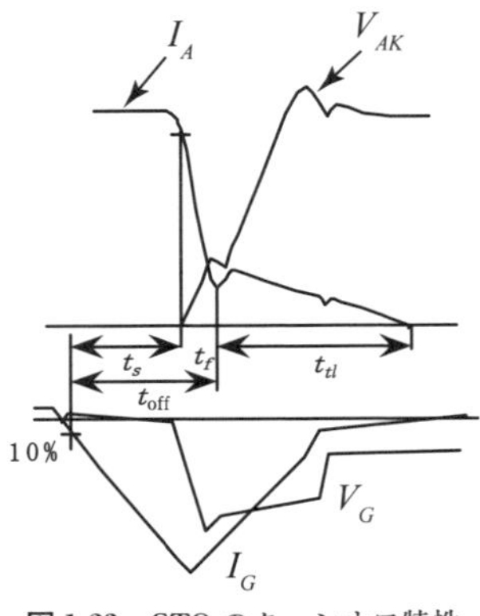

図 1.23　GTO のターンオフ特性

(3)　GTO サイリスタのスイッチング特性

GTO サイリスタは基本ユニットが多数並列接続された構造になっているために，それぞれの基本ユニットが確実にターンオン，ターンオフするように十分なゲート電流を供給する必要がある．そのため，ターンオン初期に特に大きなゲート電流を流し，ターンオン後もわずかなゲート電流を流しつづけるハイゲートドライブ回路が用いられている．

図 1.23 に GTO サイリスタのターンオフ特性を示す．負のゲート電流が 10% 立ち下がった時点からアノード電流が 10% 減少するまでの時間を蓄積時間 t_s，アノード電流が 10% 減少した時点からくびれの最小値までを下降時間 t_f，さらにテイル電流が流れ終わってゲート逆電圧を取り去っても再点弧しない最小時間を**テイル時間**（tail current）t_{tl} と定義している．ターンオフ時間 t_{off} は蓄積時間 t_s と下降時間 t_f の合計で定義される．テイル時間と呼ばれる蓄積キャリアが消滅する期間中も，テイル電流を十分流すことができる低インピーダンスの逆バイアス電圧を加えつづける必要がある．この期間中に発生する損失は比較的大きい．また，ターンオフ時のアノード電圧の上昇率（dv/dt）が GTO の遮断電流耐量に大きく影響する．そのため，後述するスナバ回路を用いて，dv/dt を抑えて必要な遮断電流を確保するとともに，その損失を低減することが必要である．

(4)　GCT サイリスタ

GCTサイリスタ(gate commutated turn-off thyristor）は，先に述べた GTO サイリスタと原理的には同じであるが，ウェーハの外周部にリング状のゲートを設けている．これによりゲート回路の浮遊インダクタンスを通常の GTO サ

図 1.24　GCT サイリスタの外観図
三菱電機 6,500 V, 1,500 A.

イリスタの約 1/100 に減らすことができた．インダクタンスを減らすことによりターンオフ時にゲート電流を高速に制御できるようになり，数 μs の高速スイッチングが可能になり，スナバコンデンサ容量を大幅に低減することができた．図 1.24 に［6,500 V, 1,500 A］の GCT サイリスタを示す．

1.2　電力用半導体素子の損失

1.2.1　電力用半導体素子の電力損失

すべての半導体素子は，その使用状態に応じて，多かれ少なかれその内部で電力損失を発生する．この損失により熱が発生し，接合部温度が上昇する．これが許容値を超えると半導体の破壊につながるため，半導体内部で発生した熱量をすみやかに素子外部に輸送，放熱し，接合部温度を許容値以内に保つ放熱・冷却装置が必要になる．電力用半導体素子は通常，放熱板に取り付けられ，比較的小容量の場合は自然空冷，中大容量の場合は強制空冷や液体冷却などの方法により冷却が行われている．

図 1.25 に電力用半導体素子のスイッチング波形と，そのときに発生する電力損失の例を示す．一般に電力用半導体スイッチで発生する内部損失 P は次式で表される．

$$P=\frac{T_{\mathrm{on}}}{T}V_{\mathrm{on}}I_C+\frac{T_{\mathrm{off}}}{T}E_sI_{\mathrm{off}}+\frac{t_{\mathrm{on}}}{T}\xi_{\mathrm{on}}E_sI_C+\frac{t_{\mathrm{off}}}{T}\xi_{\mathrm{off}}E_sI_C \tag{1.4}$$

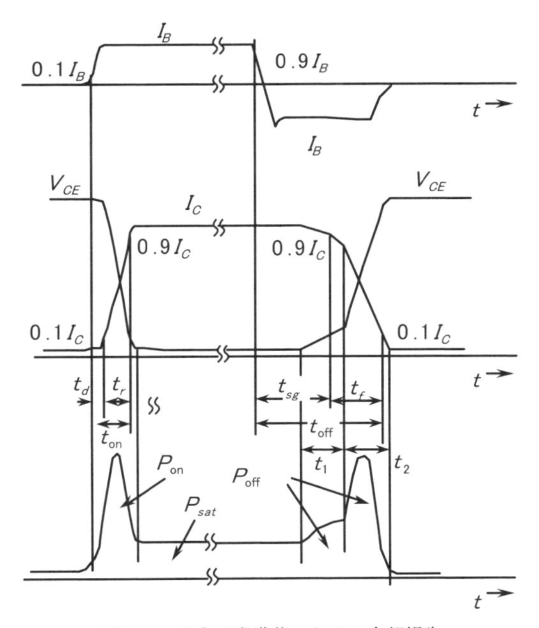

図 1.25　電力用半導体スイッチの内部損失

ただし，V_{on}：導通時の順方向電圧降下，I_{off}：非導通時の漏れ電流，T：1 周期の長さ，T_{on}：導通期間，T_{off}：非導通期間，t_{on}：ターンオン時

間，t_{off}：ターンオフ時間，E_s：電源電圧，I_C：導通時の素子電流である．上式の第1項は導通時損失である．通常，第2項の非導通時の損失は他の損失に比べて無視できる．第3項はターンオン時の，第4項はターンオフ時の損失である．これらの項に含まれるξは，スイッチング時の電圧，電流波形の関数となるが，電圧，電流が直線的に変化すると仮定した場合，$\xi=1/6$となる．

【例題 1.1】 パワートランジスタの内部損失を計算せよ．ただし，コレクタ-エミッタ間の印加電圧は1,500 V，コレクタ電流は1,000 Aとし，ターンオン時間t_{on}を3 µs，ターンオフ時間t_{off}を18 µs，1周期の長さを500 µs（2 kHz），導通時の順電圧降下を2 V，導通期間を250 µsとせよ．ただし非導通期間の損失は無視する．

【解答】

（1）導通期間

$$\frac{T_{on}}{T}V_{on}I_C=\frac{250\ \mu s}{500\ \mu s}2\ [V]\times 1{,}000\ [A]=1\ [kW]$$

（2）ターンオン時

$$\frac{t_{on}}{T}\xi_{on}E_sI_C=\frac{3\ \mu s}{500\ \mu s}\times\frac{1}{6}\times 1{,}500\ [V]\times 1{,}000\ [A]=1.5\ [kW]$$

（3）ターンオフ時

$$\frac{t_{off}}{T}\xi_{off}E_sI_C=\frac{18\ \mu s}{500\ \mu s}\times\frac{1}{6}\times 1{,}500\ [V]\times 1{,}000\ [A]=9\ [kW]$$

すなわち10 kWを超える内部損失が発生し，そのほとんどがスイッチング時に発生している．同様な計算をターンオン時間，ターンオフ時間がともに1 µs以下の同程度の容量のIGBTに対して行うと，導通期間での損失はほとんど変わらないが，ターンオン時，ターンオフ時の損失がともに0.5 kWとなり，全体で2 kWと大幅に損失が減少する．逆に同じ損失の条件では，スイッチングの周波数を20 kHzまで増加することができる．

一般にパワーエレクトロニクス装置の制御の観点からは，スイッチング周波数は高いほど望ましい．すなわち

① 電流制御を行う場合，スイッチング周期ごとに誤差を少なくするような制御を行うので，スイッチング周波数が高いほど，誤差を小さくできる．

② 電源や負荷にはスイッチング周波数の高調波が現れるが，その周波数が高いほど必要なフィルタ容量が少なくなる．

③ 可聴周波数を超えるスイッチング周波数を用いることにより騒音を大幅に減らすことができる．

そのため，スイッチング時間が短く，高電圧，大電流の素子の開発研究が懸命に行われている．

1.2.2 スナバ回路

電力用半導体素子を実際に使用する場合，普通，素子に並列に**スナバ回路**（snubber circuit）を設ける．図 1.26 にスナバ回路の一例を示す．

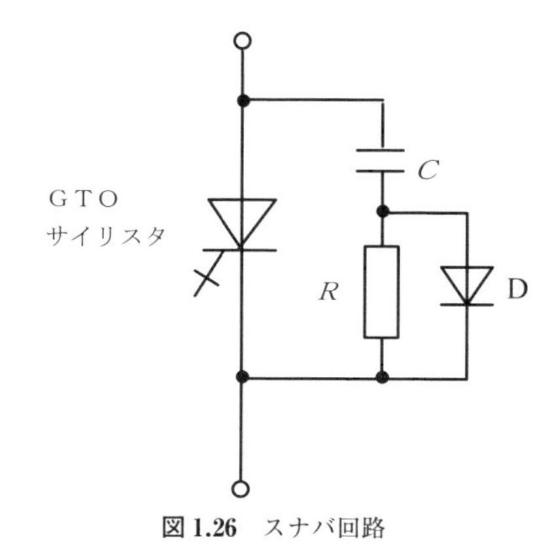

図 1.26 スナバ回路

スナバ回路には，以下のような役割がある．

① コンデンサには電圧を一定に保つ性質があることを利用して，半導体素子に加わる電圧の立ち上がり dv/dt を抑え，素子の再点弧やブレークダウンの発生を防止する．

② 素子の電流をスナバ回路に分流させることにより，素子のターンオフを容易にするとともに，素子のターンオフ時の内部損失を減らす．

特に大容量 GTO サイリスタの場合，図 1.23 で示したように，素子電圧が立ち上がった状態でテイル電流が流れるため，スナバの設計は重要であり，スナバ回路によって装置の性能が決まるといっても過言ではない．

1.3 WBG デバイスが開くパワーエレクトロニクスの未来

1.3.1 WBG デバイスとは

パワーエレクトロニクスは電力エネルギーを効率よく利用するための変換および制御技術であり，その発展には高電圧，大電流を高速で効率よく開閉できる高性能の電力用半導体素子の開発が不可欠である．近年，SiC（炭化ケイ素）や GaN（窒化ガリウム）などの WBG（wide band gap）半導体を用いた次世代パワー半導体デバイスが注目されており，これらのデバイスおよびその応用は研究段階から実用段階に移行しつつある．

表 1.1 にシリコンと WBG 半導体の物性値の比較とそれがもたらす電力変換装置のメリットを示す．

WBG 半導体はシリコンと比較して絶縁破壊電界強度が約 1 桁高い．したが

表 1.1　半導体材料の物性値比較と WBG 半導体装置のメリット

項目	Si	SiC	GaN	WBG 半導体装置のメリット
バンドギャップ（eV）	1.12	3.02	3.39	高温動作が可能： 冷却システムを簡素化できる
熱伝導率（W/cm・℃）	1.51	4.9	1.3	
絶縁破壊電界（MV/cm）	0.3	3.5	2	低損失： システム効率を改善できる
電子飽和速度（$\times 10^7$cm/s）	1	2.7	2.7	高周波スイッチング： 受動部品（L や C）を小型化できる

って耐圧とキャリア量をそれぞれ約 1 桁上げることができる．キャリア量の増加は導通時の抵抗を下げるので，これにより高耐圧かつ導通損失の少ないパワーデバイスを実現できる．さらに電子飽和速度が倍以上早いので高速のスイッチングが可能である．すなわち，ユニポーラデバイスの高速スイッチング特性と低導通損失を兼ね備えた高電圧用 SiC–MOSFET が実現できる．

WBG デバイスはバンドギャップが広く熱的に励起されるキャリアが少ないため，高温動作が可能である．シリコン素子の動作限界温度が 150℃程度であるのに対し，SiC デバイスの動作限界温度は 300～400℃といわれている．ただケージングや内部リード・実装技術などにより制限されるため，実用的には 250℃程度といわれている．また SiC は熱伝導率が高いため冷却システムが簡素化でき，装置の小型化が可能になる．

1.3.2　SiC–パワーモジュール

図 1.27 に 1,200 V，300 A のフル SiC パワーモジュールの外観図を，図 1.28 にその出力特性を示す．パッケージ内にそれぞれ 2 個の第二世代 SiC–MOSFET と SiC–SBD が収められ，ハーフブリッジ状に接続されている．この SiC パワーモジュールのスイッチング時間は，ターンオン時間が 150 ns，ターンオフ時間が 315 ns である．

図 1.29 に第二世代 SiC–MOSFET と第三世代 SiC–MOSFET の構造図を比較して示す．第三世代 SiC–MOSFET には IGBT に用いられているトレンチ構造が導入されており，オン抵抗が大幅に減少している．

SBD（ショットキーバリアダイオード Schottky barrier diode）は，通常の pn 接合の代わりに，金属と半導体の接合で現れるショットキー障壁を利用したダイオードである．順方向電圧降下が小さくスイッチングが早いという特長

図1.27 フルSiC パワーモジュールの外観図
ローム株式会社 1,200 V，300 A.

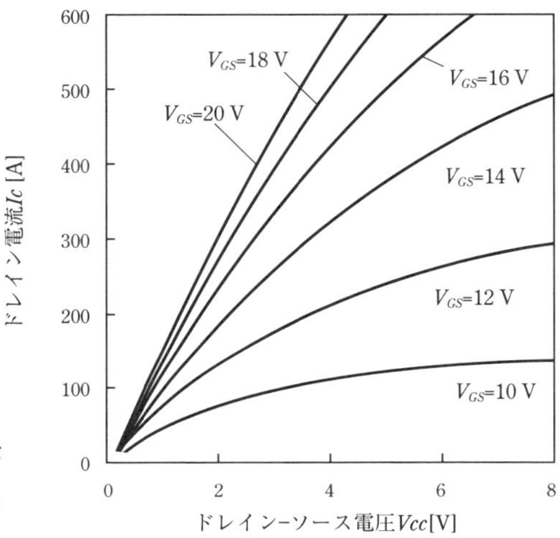

図1.28 SiCパワーモジュールの出力特性
ローム株式会社 1,200 V，300 A.

があるが，逆方向のリーク電流が大きいシリコンを使ったSBD の耐圧は200 V 程度に制限されていた．しかし，シリコンと比較して10 倍の絶縁破壊電界強度を持つSiC を用いることによりSBD の優位性を持った高耐圧のダイオードが実現できた．

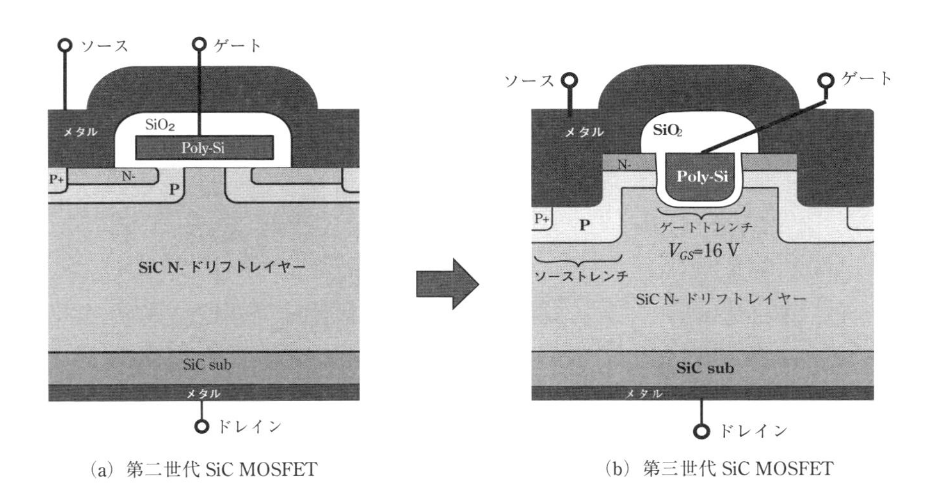

(a) 第二世代 SiC MOSFET　(b) 第三世代 SiC MOSFET

図1.29 SiC MOSFETの構造図

1.3.3　次世代パワー半導体が開くパワーエレクトロニクスの未来

パワーエレクトロニクス技術は送配電システム，鉄道システムや電気自動車など交通システム，生産設備，エアコンや冷蔵庫などの白物家電，太陽光発電システムなどありとあらゆる分野に組み込まれ，現代社会においてなくてはならない技術になっている．現状におけるパワーエレクトロニクス装置は，主としてシリコン半導体を用いたトランジスタやIGBTで作られているが，SiCやGaN製のパワー半導体を利用すれば，電力損失を半減できるといわれている．またこれらのデバイスは高温で動作するために冷却装置が簡素化でき，さらに高周波で動作するために受動部品（LやC）も小型化できるため，装置全体の小型化につながる．

図1.30に次世代のパワーエレクトロニクス装置におけるWBGデバイスの棲み分けを示している．SiCデバイスは絶縁破壊電界強度が高く，熱伝導率が大きく放熱が容易なため，高電圧（1 kV～），大電流（100 A～）の用途に適している．GaNデバイスはその高速スイッチング性能を生かした比較的低電圧（～1 kV），小電流（～100 A），高速スイッチング（50 kHz～）の用途に適用される．将来，大型機器だけでなく，パソコンのような小型装置にも普及することが期待される．

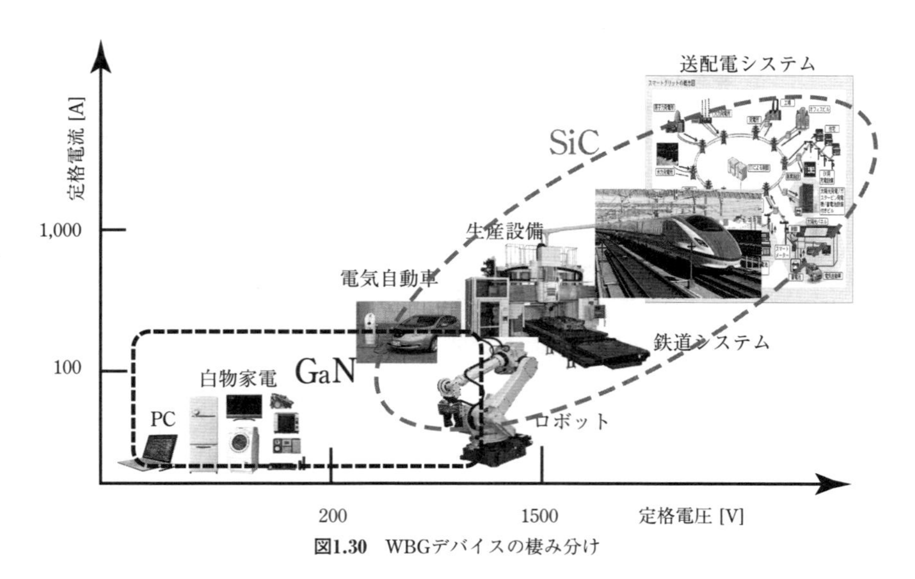

図1.30　WBGデバイスの棲み分け

Tea Time

ダイヤモンド整流素子？

現在，電力用半導体素子の材料としてシリコンがもっぱら用いられている．しかし半導体材料にはシリコン以外にもいろいろなものがある．本当にシリコンがベストの材料なのだろうか？

下の表はさまざまな半導体材料の物性定数と性能指数を示したものである．表に示すように半導体の性能指数が一番高いのはダイヤモンドであるが，大型結晶基盤の成長がきわめて困難であり，良質の絶縁膜や n 型が開発されていないなど解決すべき課題がある．

SiC（炭化ケイ素）は，バンドギャップが広く，高耐電圧，高速動作，高熱伝導，高温動作が可能で熱伝導率も大きいという特長を持っており，次世代のパワーエレクトロニクス材料として実用化が進んでいる．また，GaN（窒化ガリウム）は特に高周波特性が優れており，次世代の PC，ワイヤレス通信や中小形のパワーエレクトロニクス装置への応用が期待されている．

表 さまざまな半導体材料の物性定数と性能指数

項目	Si	GaAs	SiC	GaN	ダイヤモンド
バンドギャップ（eV）	1.12	1.43	3.02	3.39	5.46
電子移動度（cm^2/V_s）	1,500	8,500	700	900	1,800
絶縁破壊電界（MV/cm）	0.3	0.4	3.5	2	4
電子飽和速度（$\times 10^7$cm/s）	1	2	2.7	2.7	2.5
熱伝導率（W/cm・℃）	1.51	0.54	4.9	1.3	20.9
性能指数*	1	2.54	3,220	279	15,379

＊性能指数＝熱伝導率×(絶縁破壊電界×電子飽和速度/2π)^2

2 DC–DC 変換装置

電力用半導体スイッチを用いたDC–DC変換装置は，直流電源から任意の大きさの直流出力電圧を得る変換器であり，一般に**DC–DCコンバータ**と呼ばれる．DC–DCコンバータは，電力用半導体スイッチの配置によって種々の出力特性を得ることができるため，スイッチング電源から直流電動機の駆動電源まで幅広く用いられている．また，後述するDC–AC，AC–DC，AC–AC変換装置を構成する要素としてその重要性が高い変換器である．本章では，まずDC–DCコンバータの制御法である**PWM**（**パルス幅変調**）を説明し，PWMを適用したときのバックコンバータ，ブーストコンバータなどの代表的な回路の特性を導出する．また，LC共振現象を利用した共振スイッチコンバータの基本的な構成とその動作について説明する．なお，DC–DCコンバータを**チョッパ**（chopper）と呼ぶことがあるが，これは本章で説明するバックコンバータとブーストコンバータを指すのが一般的である．

2.1 PWM 技 術

DC–DCコンバータでは少なくとも1個の電力用半導体スイッチが使われるので，入力電圧や負荷が変動しても，このスイッチをオンオフ制御することによって出力電圧を所望の値に調整することができる．スイッチのオンオフ制御を説明するために，図2.1のようにIGBTで示すスイッチSを介して電圧E_dの直流電源に抵抗Rを接続した場合を考える．図2.2に示すように，一定周期Tの間で$T_{\rm on}$期間スイッチをオン状態にし，$T_{\rm off}$の間はオフ状態にするものとすると，出力電圧e_oは波高値E_d，時間幅$T_{\rm on}$のパルス波形になる．いま，**デューティ比**（duty ratio）を

$$D=\frac{T_{\rm on}}{T} \tag{2.1}$$

で定義すると，$T_{\rm off}$の間は$e_o=0$であるので，出力電圧の平均値E_oは

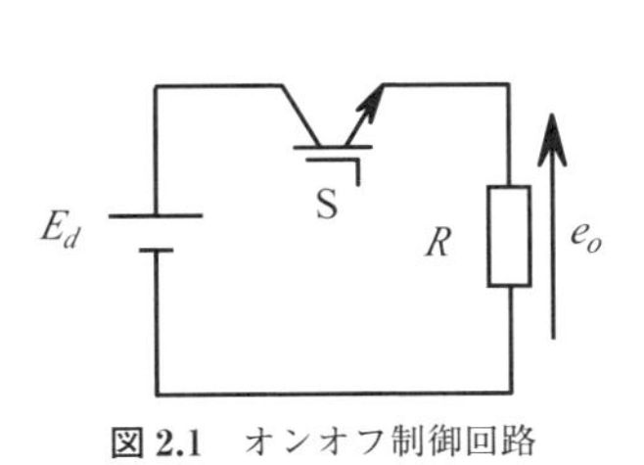

図 2.1　オンオフ制御回路

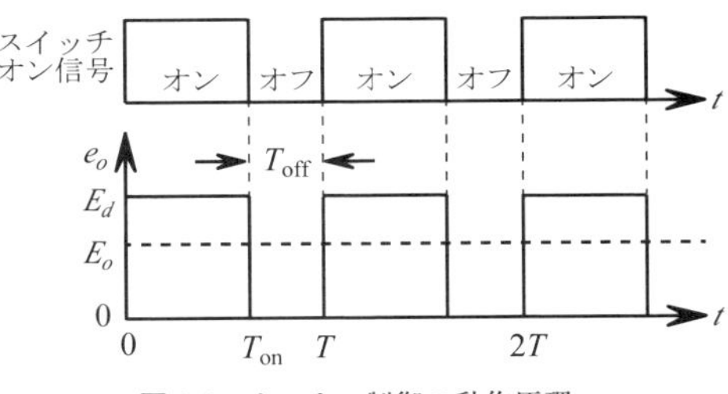

図 2.2　オンオフ制御の動作原理

$$E_o=\frac{1}{T}\int_0^T e_o dt=\frac{1}{T}\int_0^{T_{\mathrm{on}}} E_d dt=\frac{T_{\mathrm{on}}}{T}E_d=DE_d \tag{2.2}$$

となり，D すなわち T_{on} を制御すれば E_o は調整可能であることがわかる．このような制御方法を **PWM**（pulse-width modulation）あるいは**パルス幅変調**という．デューティ比 D は通流比，デューティファクタなどとも呼ばれる．なお，図 2.2 から

$$0 \le D \le 1 \tag{2.3}$$

である．また，スイッチング周波数 f_s は

$$f_s=\frac{1}{T} \tag{2.4}$$

で与えられ，通常，数 kHz から数百 kHz に選ばれる．さらに，入力電圧に対する出力電圧の比

$$M=\frac{E_o}{E_d} \tag{2.5}$$

を電圧変換率（conversion ratio）と呼ぶことがある．

デューティ比 D は，T_{on} を一定に保ち周期 T を変えることによっても制御可能であり，この制御方法を **PFM**（pulse-frequency modulation）あるいは**パルス周波数変調**というが，スイッチング周波数が広帯域となり，絶縁トランス，フィルタなどが大型化するため一般には PWM が用いられる．また，図 2.1 の電力用半導体スイッチは損失がほとんどないオンあるいはオフで動作する．このようなオンオフ動作を用いたスイッチング法で制御されるコンバータを一般に**スイッチモードコンバータ**（switch-mode converter）といい，通常，回路要素の電圧が周期的な方形波となるコンバータを指す．2.2〜2.4 節で代表的なスイッチモード DC–DC コンバータの動作と特性を説明するが，簡単のため回路要素の損失がない理想的な場合を仮定する．ただし，実際に得られる特性は，電力用半導体スイッチおよびダイオードの順方向電圧降下，スイッチング損失，リアクトルの銅損ならびに鉄損などに依存する．

ところで，DC–DC コンバータではフィルタおよびエネルギー蓄積・移送要素としてリアクトル，コンデンサが使われる．リアクトル L における電圧と電流の関係は

$$v_L = L\frac{di_L}{dt} \tag{2.6}$$

であるので，両辺を 1 周期 T の間で積分すると

$$\int_0^T v_L dt = \int_0^T L\frac{di_L}{dt}dt = L\int_{i_{L(0)}}^{i_{L(T)}} di_L = L\{i_L(T) - i_L(0)\} \tag{2.7}$$

となる．定常状態では周期性から

$$i_L(T) = i_L(0) \tag{2.8}$$

でなければならないので

$$\int_0^T v_L dt = 0 \tag{2.9}$$

が成立する．式 (2.9) は 1 スイッチング周期におけるリアクトルの電圧時間積あるいは磁束の変化分が 0 であることを意味する．一方，コンデンサ C においては

$$i_C = C\frac{dv_C}{dt} \tag{2.10}$$

であるので，式 (2.7) と同様にして

$$\int_0^T i_C dt = C\{v_C(T) - v_C(0)\} \tag{2.11}$$

となり，定常状態では

$$v_C(T) = v_C(0) \tag{2.12}$$

でなければならないので

$$\int_0^T i_C dt = 0 \tag{2.13}$$

が成立する．式（2.13）は1スイッチング周期におけるコンデンサの電流時間積，あるいは電荷の変化分が0であることを意味する．式（2.9）および式（2.13）はPWMを適用したDC–DCコンバータにおける入出力の電圧や電流の関係を導くときによく使われる．

2.2 バックコンバータ

バックコンバータ（buck converter）は**降圧形コンバータ**（step–down converter）とも呼ばれ，入力電圧より低い出力電圧が得られる．前節で示した図2.1の回路はバックコンバータの原理図であるが，出力電圧が0とE_dの間で脈動するので，実際には図2.3に示すようにリアクトルLとコンデンサCからなる低域通過フィルタを挿入して出力電圧の脈動を抑制する．このとき，LCの共振周波数

$$f_o = \frac{1}{2\pi\sqrt{LC}} \tag{2.14}$$

はスイッチング周波数f_sに比べて十分低くなるように設計する．ダイオードDは**環流ダイオード**（free wheeling diode）と呼ばれ，スイッチSがオフしたときLに蓄積されたエネルギーを放出するための電流通路を形成する．もしDがなければ，Lはエネルギーの放出通路を求めてスイッチSの両端に高電圧を発生し，スイッチSを破壊する．

フィルタコンデンサが十分大きいとすると，出力電圧e_oは一定値E_oと考えることができる．スイッチSがターンオンされると，ダイオードDは電源電圧E_dが逆バイアスとして印加されオフする．リアクトル電圧v_Lは

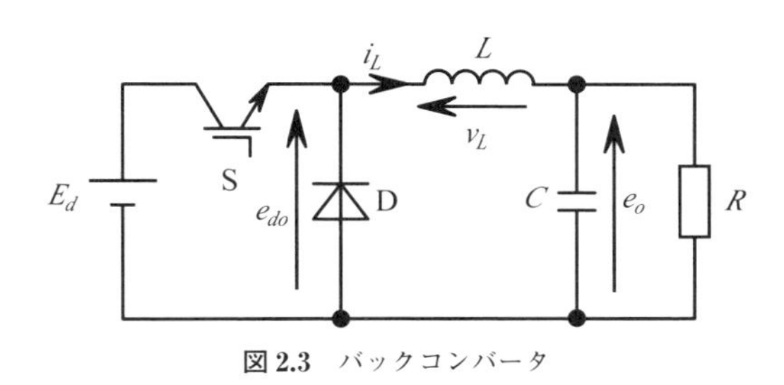

図2.3 バックコンバータ

$$v_L = L\frac{di_L}{dt} = E_d - E_o \tag{2.15}$$

であるので，i_L は

$$i_L = \frac{E_d - E_o}{L}t + i_L(0) \tag{2.16}$$

にしたがって直線的に増加する．ただし，$i_L(0)$ は $t=0$ における i_L の初期値であり，$i_L(0) \neq 0$ としておく．この期間ではエネルギーが電源から L および負荷へ移送される．一方，$t=T_{\mathrm{on}}$ でスイッチ S はターンオフされる．このとき，リアクトル電流はダイオード D を通って環流し，L はエネルギーを負荷へ放出する．T_{on} から T の間は v_L が

$$v_L = L\frac{di_L}{dt} = -E_o \tag{2.17}$$

となるので，i_L は

$$i_L = -\frac{E_o}{L}(t - T_{\mathrm{on}}) + i_L(T_{\mathrm{on}}) \tag{2.18}$$

のように直線的に減少する．したがって，S オン，S オフのときの等価回路はそれぞれ図 2.4（a），（b）のように表され，e_{do}，v_L，i_L の波形は図 2.5 となる．ただし，I_L はリアクトル電流の平均値である．式（2.9）に示した L の電圧時間積を計算してみると，図 2.5 から

$$\begin{aligned}\int_0^T v_L dt &= (E_d - E_o)T_{\mathrm{on}} + (-E_o)T_{\mathrm{off}} \\ &= (E_d - E_o)DT - E_o(1-D)T \\ &= E_d DT - E_o T \\ &= 0\end{aligned} \tag{2.19}$$

となるので

$$E_o = DE_d \tag{2.20}$$

が導出され，これは式（2.2）と一致する．すなわち，式（2.3）を考慮すると，入力電圧より低いデューティ比に比例した出力電圧が得られることがわかる．

ところで，リアクトル電流 i_L は図 2.5 に示すように脈動する．i_L の変動分すなわち**ピーク間リプル** Δi_L は

$$\Delta i_L=\frac{E_d-E_o}{L}T_{\mathrm{on}}=\frac{E_d-E_o}{L}DT \tag{2.21}$$

あるいは

$$\Delta i_L=\frac{E_o}{L}T_{\mathrm{off}}=\frac{E_o}{L}(1-D)T \tag{2.22}$$

で与えられ，リアクトルの設計に利用される．式 (2.20) を式 (2.21) あるいは式 (2.22) に代入すると

$$\Delta i_L=\frac{E_d}{L}D(1-D)T \tag{2.23}$$

であるから，E_d が一定の場合

$$\frac{\partial \Delta i_L}{\partial D}=0 \tag{2.24}$$

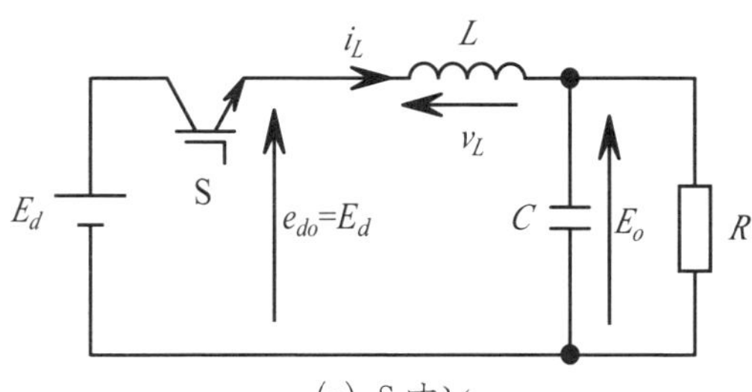

(a) S オン

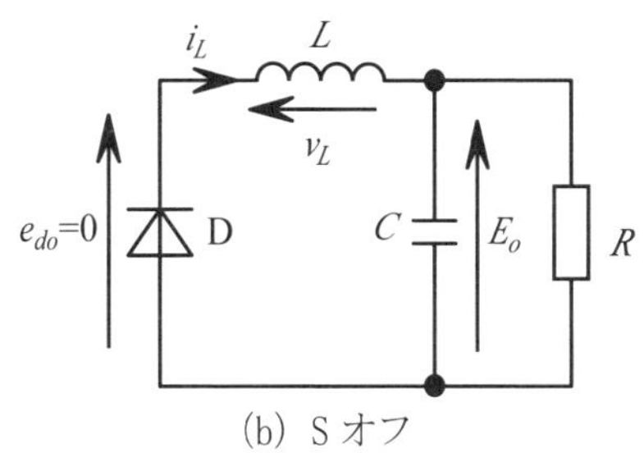

(b) S オフ

図 2.4 バックコンバータの等価回路

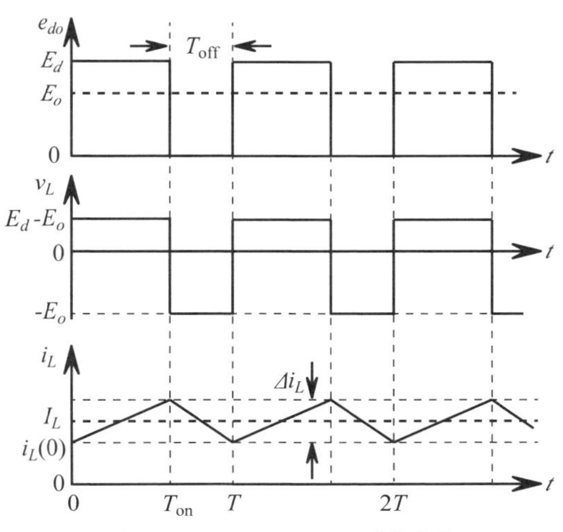

図 2.5 バックコンバータの動作波形（連続モード動作）

を満たす D は $D=1/2$ となり，オンとオフの時間が等しいところで Δi_L は最大になる．一方，式 (2.23) より，L が大きくなるほど，あるいはスイッチング周波数が高くなるほどリアクトル電流の脈動は小さくなる．また，スイッチング周波数を高く設定すればリアクトルは小型化できることがわかる．

これまでの議論は，$i_L(0) \neq 0$ が成立すると仮定したものであった．このような動作を**連続モード動作**（continuous conduction mode operation）と呼ぶ．これに対し，負荷抵抗が大きくなって出力が小さくなるとリアクトル電流が減少し，$i_L(0)=0$ となって不連続になる．このような動作を**不連続モード動作**（discontinuous conduction mode operation）という．不連続モード動作において，T_{on} から環流ダイオードが導通する期間が D_dT であるとすると，

$$0 \leq D_d \leq 1-D \tag{2.25}$$

であり，電圧，電流波形は図 2.6 のようになる．$i_L=0$ のときは $v_L=0$ であるので，L の電圧時間積から

$$\int_0^T v_L dt = (E_d - E_o)DT + (-E_o)D_dT = 0 \tag{2.26}$$

を得る．したがって，出力電圧は

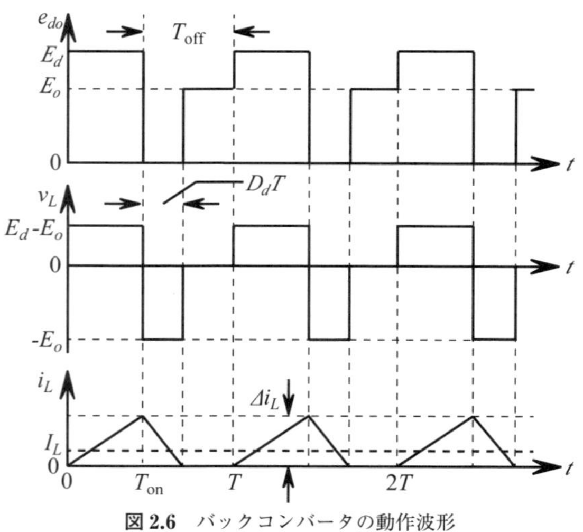

図 2.6　バックコンバータの動作波形
（不連続モード動作）

$$E_o = \frac{D}{D + D_d} E_d \tag{2.27}$$

ピーク間リプル Δi_L は

$$\Delta i_L = \frac{E_d - E_o}{L} DT = \frac{E_o}{L} D_d T \tag{2.28}$$

で与えられる．このときのリアクトル電流のピーク値は同じ出力を供給する連続モード動作時の電流ピーク値に比較して大きくなるので，ターンオフの際のスイッチング損失が増大する点に注意しなければならない．

なお，連続モード動作と不連続モード動作の境界では $I_L = \Delta i_L/2$ が成立し，1 スイッチング周期における入出力のエネルギーバランスから

$$E_d I_L T_{\mathrm{on}} = E_o \frac{E_o}{R} T \tag{2.29}$$

であるので，式（2.20），（2.22）より

$$\frac{E_o}{R} = \frac{E_o}{2L}(1 - D) T \tag{2.30}$$

の関係が導かれる．したがって，バックコンバータを連続モードで動作させるためには，L が大きいほど電流 i_L の変化が小さくなるので，$I_L > \Delta i_L/2$ より L は

$$L > \frac{R}{2}(1 - D) T \tag{2.31}$$

の条件を満たす必要がある．

2.3　ブーストコンバータ

ブーストコンバータ（boost converter）は入力電圧より高い出力電圧を得る DC–DC コンバータであり，**昇圧形コンバータ**（step–up converter）とも呼ばれる．図 2.7 にブーストコンバータを示す．構成要素の数は図 2.3 のバックコンバータと全く同じであるが，出力電圧が入力電圧より高いので，ダイオード D は出力側から入力側への電流の逆流を阻止する働きをする．また，コンデンサ C は出力端電圧を平滑にし，これが十分大きいとすると出力電圧 e_o は一定値 E_o と考えることができ，スイッチ S のオン，オフに対する等価回路はそれぞれ図 2.8（a），（b）のように表される．以下，図 2.8 を参考にブーストコ

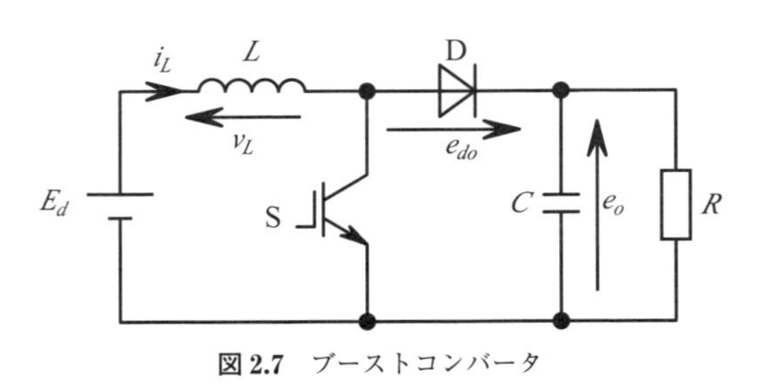

図 2.7　ブーストコンバータ

ンバータの動作を説明する．

スイッチSがターンオンされると，図 2.7 のダイオードDは出力電圧 E_o の逆バイアスを受け導通が阻止されるので，図 2.8（a）に示すように，リアクトル L には電源電圧が直接印加される．ブーストコンバータが連続モードで動作していると仮定すると，スイッチSがターンオンされたときのリアクトル電流 i_L の初期値 $i_L(0)$ は $i_L(0) \neq 0$ であり，

$$v_L = L\frac{di_L}{dt} = E_d \qquad (2.32)$$

から，i_L は

$$i_L = \frac{E_d}{L}t + i_L(0) \qquad (2.33)$$

にしたがって直線的に増加する．$t = T_{\mathrm{on}}$ でSがターンオフされると，L に誘導される電圧 v_L は負となり，この電圧が電源電圧に加わりダイオードDがオンして，i_L は電源から負荷へ流れる．このような動作は，エネルギーの観点からは，Sオンによって電源からリアクトルに蓄積されたエネルギーがSオフ時に負荷へ移送されることを意味する．

（a）Sオン

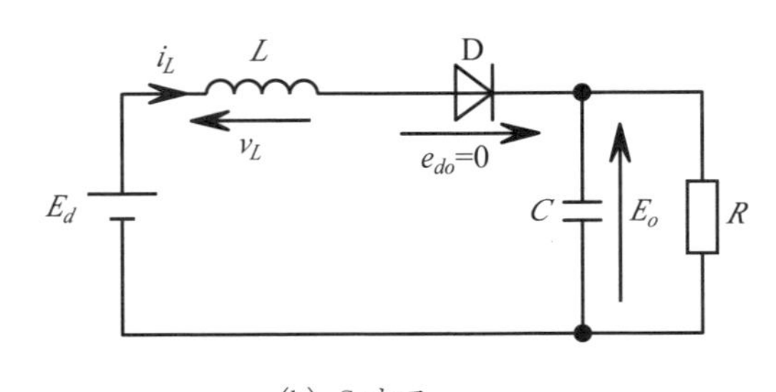

（b）Sオフ

図 2.8　ブーストコンバータの等価回路

Sオフのときは，図 2.8（b）より

$$v_L = L\frac{di_L}{dt} = E_d - E_o \qquad (2.34)$$

が成立し，$E_d \leq E_o$ であるので，i_L は

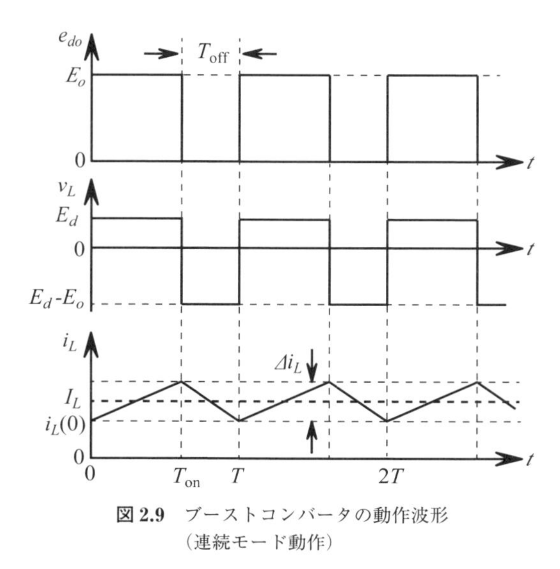

図 2.9　ブーストコンバータの動作波形
（連続モード動作）

$$i_L = \frac{E_d - E_o}{L}(t - T_{\rm on}) + i_L(T_{\rm on}) \tag{2.35}$$

にしたがって直線的に減少する．i_L および e_{do}，v_L を図示すると図 2.9 のようになる．ただし，I_L は i_L の平均値である．

図 2.9 を参考にすると，L の電圧時間積から

$$\begin{aligned}\int_0^T v_L dt &= E_d T_{\rm on} + (E_d - E_o)T_{\rm off} = E_d DT + (E_d - E_o)(1-D)T \\ &= E_d T - E_o(1-D)T = 0\end{aligned} \tag{2.36}$$

が成立しなければならないので，出力電圧 E_o は

$$E_o = \frac{1}{1-D}E_d \tag{2.37}$$

で与えられる．E_o は，例えば $D=0$ のときには E_d，D が 1 に近づくと∞になるので，E_d から∞の範囲で調整可能であることがわかる．一方，ピーク間リプル Δi_L は，図 2.9 から

$$\Delta i_L = \frac{E_d}{L}T_{\rm on} = \frac{E_d}{L}DT \tag{2.38}$$

あるいは

$$\Delta i_L=\frac{E_o-E_d}{L}T_{\mathrm{off}}=\frac{E_o-E_d}{L}(1-D)T \tag{2.39}$$

となり，E_d が一定のときデューティ比に比例する．

ところで，1 スイッチング周期における入出力のエネルギーバランスから

$$E_dI_LT=E_o\frac{E_o}{R}T \tag{2.40}$$

であるので，式（2.37）を用いて

$$\frac{E_o}{R}=\frac{E_d}{E_o}I_L=(1-D)I_L \tag{2.41}$$

の関係が得られる．バックコンバータと同様に，連続モード動作と不連続モード動作の境界では $I_L=\Delta i_L/2$ が成立するので，式（2.37），（2.38）から

$$\frac{E_o}{R}=(1-D)I_L=(1-D)\frac{\Delta i_L}{2}=\frac{E_o}{2L}D(1-D)^2T \tag{2.42}$$

を得る．したがって，ブーストコンバータを連続モードで動作させるためには

$$L>\frac{R}{2}D(1-D)^2T \tag{2.43}$$

を満たすようにリアクトルを設計しなければならない．式（2.43）が成り立たないときにはブーストコンバータは不連続モードで動作し，そのときの電圧，電流波形は図 2.10 のようになる．ただし，D_dT は T_{on} でダイオード D が導通を開始した時点からリアクトル電流 i_L が 0 になるまでの時間である．不連続モード動作時においても式（2.9）が成り立ち，

$$\int_0^T v_Ldt=E_dDT+(E_d-E_o)D_dT=0 \tag{2.44}$$

であるので，出力電圧 E_o は

$$E_o=\frac{D+D_d}{D_d}E_d \tag{2.45}$$

となる．また，このときのリアクトル電流のピーク間リプル Δi_L は図 2.10 より

$$\Delta i_L=\frac{E_d}{L}DT=\frac{E_o-E_d}{L}D_dT \tag{2.46}$$

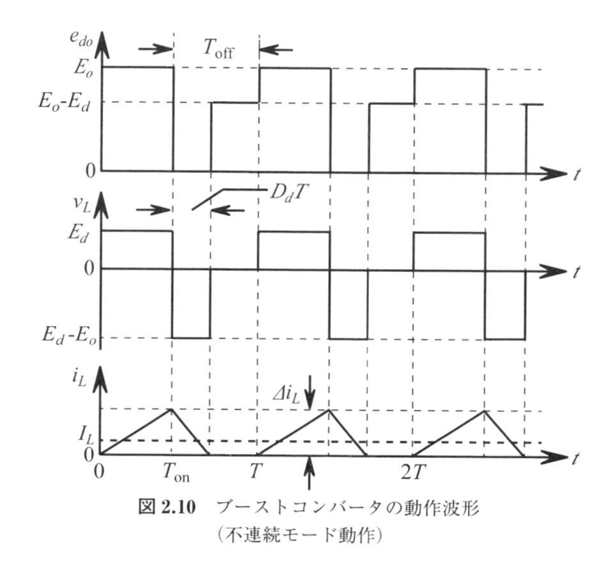

図 2.10　ブーストコンバータの動作波形
（不連続モード動作）

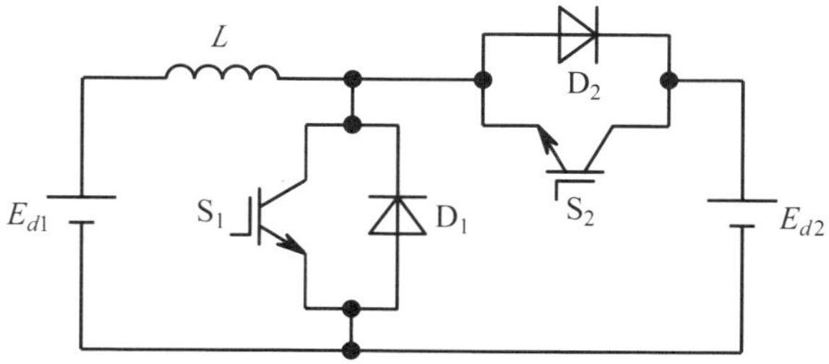

図 2.11　双方向パワーフローが可能なコンバータ

で与えられる．

なお，図 2.3 と図 2.7 の機能を組み合わせて図 2.11 のようにすると，2 つの電源 E_{d1} と E_{d2} の間で双方向のパワーフローが可能になる．ただし，$E_{d1}<E_{d2}$ である．

2.4　バックブーストコンバータ

バックコンバータおよびブーストコンバータと同じ構成要素を図 2.12 のように配置すると**バックブーストコンバータ**（buck–boost converter）と呼ばれる**昇降圧形コンバータ**（step–up/step–down converter）が得られる．バックブ

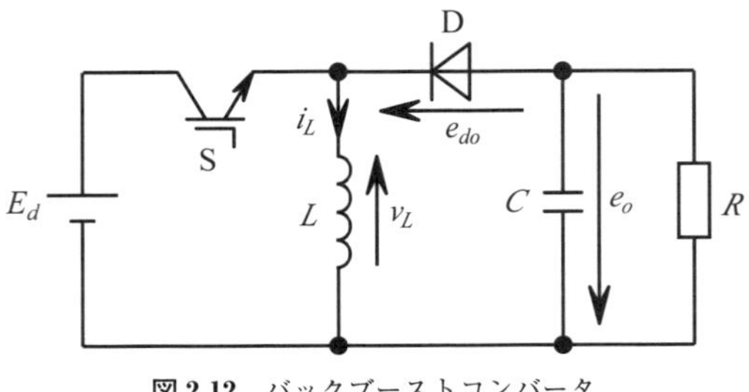

図 2.12　バックブーストコンバータ

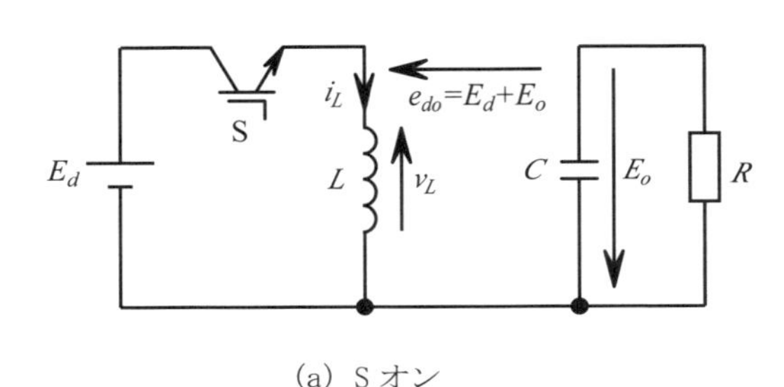

(a) S オン

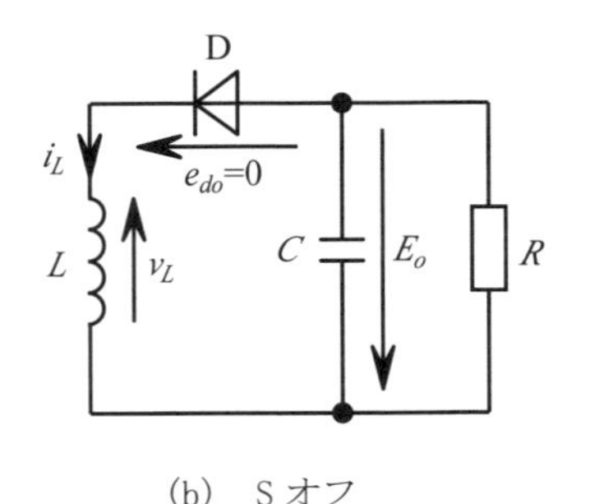

(b)　S オフ

図 2.13　バックブーストコンバータの等価回路

ーストコンバータでは，図 2.12 のように出力電圧の極性が反転するので，ダイオード D はコンデンサ C の電荷がスイッチ S あるいはリアクトル L を介して放電するのを阻止するために挿入されている．図 2.13 (a)，(b) は，C が十分大きく出力電圧 e_o が一定値 E_o であると仮定したときのそれぞれ S オン，S オフに対する等価回路である．

スイッチ S がターンオンされると，図 2.13 (a) に示すように，電源電圧が L に印加され，ダイオード D は E_d+E_o の逆バイアスを受けてオフする．いま，連続モードで動作しているとすると

$$v_L = L\frac{di_L}{dt} = E_d \tag{2.47}$$

であるので，リアクトル電流は初期値 $i_L(0) \neq 0$ を用いて

$$i_L = \frac{E_d}{L}t + i_L(0) \tag{2.48}$$

となる．すなわち i_L は E_d/L に比例して直線的に増加し，電源からのエネルギーが L に蓄積される．一方，$t=T_{\mathrm{on}}$ で S がターンオフされると L は電源と切り離される．このとき，i_L は E_o に逆らって流れざるを得ないので，L は E_o に等しい負の電圧を誘導するとともにダイオード D がオンする．したがって，

図 2.13（b）より

$$v_L = L\frac{di_L}{dt} = -E_o \tag{2.49}$$

が成り立つので，i_L は

$$i_L = -\frac{E_o}{L}(t - T_{\mathrm{on}}) + i_L(T_{\mathrm{on}}) \tag{2.50}$$

にしたがって直線的に減少する．この期間では L に蓄積されたエネルギーは負荷へ移送される．i_L，e_{do}，v_L の波形を図示すると図 2.14 のようになる．ただし，I_L は i_L の平均値である．図 2.14 の v_L に対して式（2.9）の関係が成り立たつので

$$\int_0^T v_L dt = E_d T_{\mathrm{on}} + (-E_o)T_{\mathrm{off}} = E_d DT - E_o(1-D)T = 0 \tag{2.51}$$

が得られる．すなわち，出力電圧 E_o は

$$E_o = \frac{D}{1-D}E_d \tag{2.52}$$

と表される．デューティ比 D の制御範囲が式（2.3）であることを考慮すると，出力電圧は 0 から∞まで調整できるので，バックブーストコンバータは入力電圧に対して昇降圧動作が可能であることがわかる．

ピーク間リプル Δi_L は，図 2.14 を参考にすると

$$\Delta i_L = \frac{E_d}{L}T_{\mathrm{on}} = \frac{E_d}{L}DT \tag{2.53}$$

あるいは

$$\Delta i_L = \frac{E_o}{L}T_{\mathrm{off}} = \frac{E_o}{L}(1-D)T \tag{2.54}$$

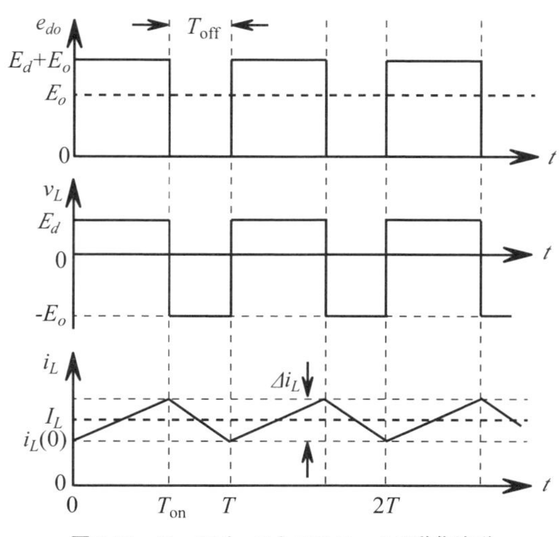

図 2.14　バックブーストコンバータの動作波形（連続モード動作）

となり，E_d が一定のときはデューティ比に比例する．一方，1スイッチング周期における入出力のエネルギーバランスから

$$E_d I_L T_{\mathrm{on}} = E_o \frac{E_o}{R} T \tag{2.55}$$

であり，連続モード動作と不連続モード動作の境界では $I_L = \Delta i_L/2$ が成立するので，式 (2.52)，(2.54) を用いると

$$\frac{E_o}{R} = \frac{E_o}{2L}(1-D)^2 T \tag{2.56}$$

の関係が得られる．すなわち，バックブーストコンバータは

$$L > \frac{R}{2}(1-D)^2 T \tag{2.57}$$

の条件が成立するとき，連続モードで動作する．逆に，回路定数および動作条件が式 (2.57) を満たさない場合には不連続モード動作となり，そのときの電圧，電流波形は図 2.15 のようになる．ただし，$D_d T$ は T_{on} からダイオード D が導通する期間である．L の電圧時間積は，図 2.15 の v_L を参考にすると

$$\int_0^T v_L dt = E_d DT + (-E_o) D_d T = 0 \tag{2.58}$$

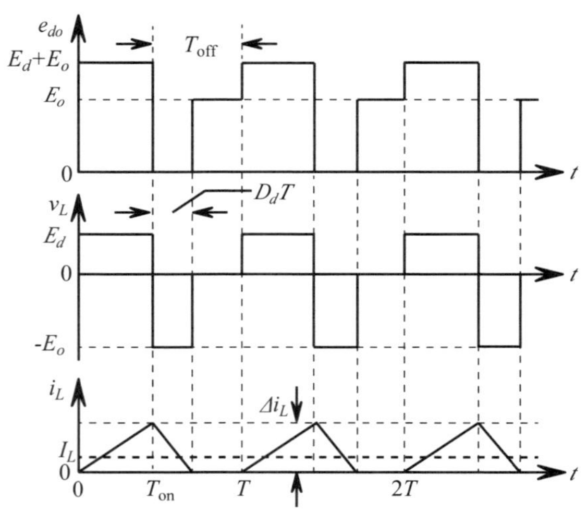

図 2.15　バックブーストコンバータの動作波形
（不連続モード動作）

となる．したがって，出力電圧 E_o は

$$E_o=\frac{D}{D_d}E_d \tag{2.59}$$

のように与えられる．また，不連続モード動作時のリアクトル電流のピーク間リプル Δi_L は，図 2.15 より以下のようになる．

$$\Delta i_L=\frac{E_d}{L}DT=\frac{E_o}{L}D_dT \tag{2.60}$$

以上で導出した基本的な DC–DC コンバータの連続モード動作における特性と条件をまとめると表 2.1 のようになる．

表 2.1　連続モード動作の特性と条件

$E_o, \Delta i_L, L$	出力電圧 E_o	ピーク間リプル Δi_L	リアクトル L
バックコンバータ	DE_d	$\frac{E_d-E_o}{L}DT$	$L>\frac{R}{2}(1-D)T$
ブーストコンバータ	$\frac{1}{1-D}E_d$	$\frac{E_d}{L}DT$	$L>\frac{R}{2}D(1-D)^2T$
バックブーストコンバータ	$\frac{D}{1-D}E_d$	$\frac{E_d}{L}DT$	$L>\frac{R}{2}(1-D)^2T$

2.5　その他の DC–DC コンバータ

前節までに説明した 3 つの DC–DC コンバータは，最も基本的なコンバータである．これらの 2 つを電力用半導体スイッチが 1 つになるように組み合わせると昇降圧特性を持つ **Cuk コンバータ**（Cuk converter），**Sepic**（single-ended primary inductor converter），**Zeta コンバータ**（Zeta converter）と呼ばれる DC–DC コンバータが得られる．具体的には，それぞれ，Cuk コンバータはブーストコンバータとバックコンバータ，Sepic はブーストコンバータとバックブーストコンバータ，Zeta コンバータはバックブーストコンバータとバックコンバータの組み合わせが基礎になっており，リアクトルだけでなくコンデンサもエネルギー蓄積・移送要素として用いる点に特徴がある．これらのコンバータの詳細な動作説明は省略するが，いずれのコンバータにおいてもエネルギーは S オン時に電源から L_1，C_1 から L_2 へ送られ，S オフ時には L_1 から C_1，L_2 から負荷へ移送される．簡単のため，リアクトル L_1，L_2 およびコンデ

ンサ C_1，C_2 が十分大きく，リアクトル電流 i_{L1}，i_{L2}，コンデンサ電圧 e_C，e_o はそれぞれ一定値 I_{L1}，I_{L2}，E_C，E_o であると仮定したとき，図2.16～2.18と式(2.9)および(2.13)より，入出力の電圧，電流の関係は次のようになる．

① Cukコンバータ

$$E_C=\frac{E_d}{1-D} \tag{2.61}$$

$$E_o=DE_C=\frac{D}{1-D}E_d \tag{2.62}$$

$$I_{L1}=\frac{D}{1-D}I_{L2}=\frac{D^2}{(1-D)^2}\frac{E_d}{R} \tag{2.63}$$

$$I_{L2}=\frac{E_o}{R}=\frac{D}{1-D}\frac{E_d}{R} \tag{2.64}$$

② Sepic

$$E_C=\frac{1-D}{D}E_o=E_d \tag{2.65}$$

$$E_o=\frac{1}{1-D}E_d-E_C=\frac{D}{1-D}E_d \tag{2.66}$$

$$I_{L1}=\frac{D}{1-D}I_{L2}=\frac{D^2}{(1-D)^2}\frac{E_d}{R} \tag{2.67}$$

$$I_{L2}=\frac{E_o}{R}=\frac{D}{1-D}\frac{E_d}{R} \tag{2.68}$$

③ Zetaコンバータ

$$E_C=\frac{D}{1-D}E_d \tag{2.69}$$

$$E_o=D(E_d+E_C)=\frac{D}{1-D}E_d=E_C \tag{2.70}$$

$$I_{L1}=\frac{D}{1-D}I_{L2}=\frac{D^2}{(1-D)^2}\frac{E_d}{R} \tag{2.71}$$

$$I_{L2}=\frac{E_o}{R}=\frac{D}{1-D}\frac{E_d}{R} \tag{2.72}$$

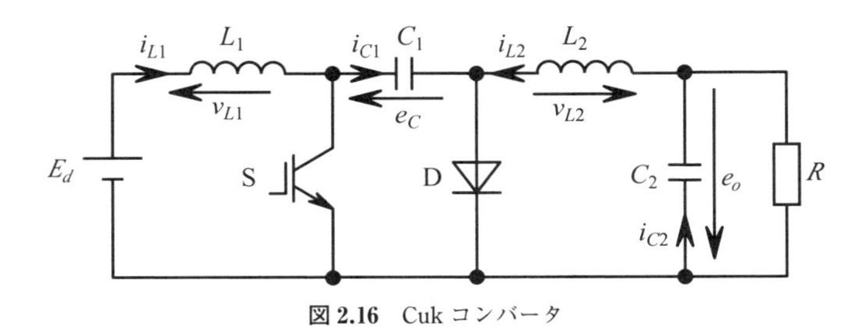

図 2.16　Cuk コンバータ

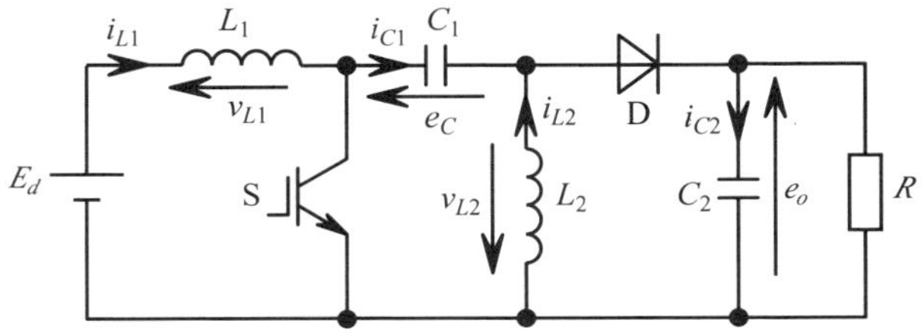

図 2.17　Sepic

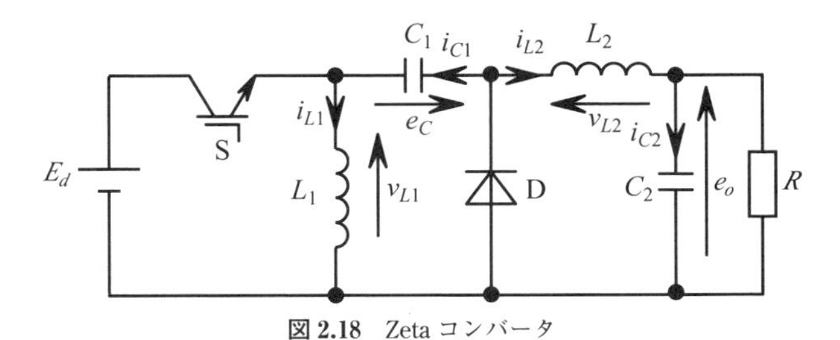

図 2.18　Zeta コンバータ

以上で得られた出力電圧特性（D に対する E_o）は理想的な状態の下での特性である．ただし，実際にはデューティ比が 1 に近づくにしたがって，電力用半導体スイッチおよびダイオードの順方向電圧降下に起因する損失，スイッチング損失などが増加し，バックコンバータ以外では理想的な特性からのずれが大きくなることに注意しなければならない．なお，それぞれ，バックコンバータとブーストコンバータ，バックブーストコンバータと Cuk コンバータ，Sepic と Zeta コンバータの間には**双対性**（duality）が成り立っている．これは，たとえば，図 2.3 に示したバックコンバータの電圧源を（等価）電流源へ，直列接続スイッチを並列接続スイッチへ，並列接続ダイオードを直列接続ダイオードへ，直列接続リアクトルを並列接続コンデンサへ置換することによって図 2.7 のブーストコンバータが得られることを意味する．

2.6 共振スイッチコンバータ

スイッチモードコンバータは，一般に電力用半導体スイッチの *di/dt*, *dv/dt* が大きいために EMI（electromagnetic interference）を発生し，スイッチング周波数を高くするとスイッチング損失が増大する．これに対し，スイッチモードコンバータのスイッチを *LC* 共振を含むスイッチセルで置き換えた**共振スイッチコンバータ**（resonant–switch converter）は，スイッチが零電流あるいは零電圧でスイッチングされるので，上記欠点が軽減され高周波動作が可能になる．スイッチが零電流，零電圧でターンオン・ターンオフするスイッチング動作をそれぞれ**零電流スイッチング**（**ZCS**：zero–current switching）および**零電圧スイッチング**（**ZVS**：zero–voltage switching）といい，これらを総称して**ソフトスイッチング**と呼ぶことがある．また，共振スイッチコンバータの出力は原理的にはスイッチング周波数を制御する PFM（パルス周波数変調）で調整されるが，PWM が適用可能な構成もある．本節では，ZCS あるいは ZVS で動作する共振スイッチコンバータの基本的な構成とその原理を説明する．

2.6.1 ZCS 共振スイッチコンバータ

図 2.19 は，図 2.3 のバックコンバータのスイッチ S を共振スイッチ化した，それぞれ半波形（half–wave；(a)）と全波形（full–wave；(b)）の **ZCS 共振スイッチコンバータ**である．他のスイッチモード DC–DC コンバータにおいても同じような共振スイッチ化が可能であるが，図示は省略する．図のように，ZCS 共振スイッチコンバータでは共振用リアクトル L_r がスイッチと直列に接続され，L_r と共振用コンデンサ C_r の共振によって流れる正弦波状のリアクトル電流が 0 のとき，スイッチはターンオン・ターンオフされる．また，半波形と全波形はスイッチに流れる電流が半波か全波かによって分類される．半波形ではダイオード D_r によって共振電流 i_r の逆流が阻止されるので $i_r \geq 0$ であるのに対し，全波形のときには i_r がスイッチと逆並列に接続されたダイオード D_r を通って逆方向にも流れる．

いま，低域通過フィルタの L が十分大きく，これに流れる電流 i_L が一定値

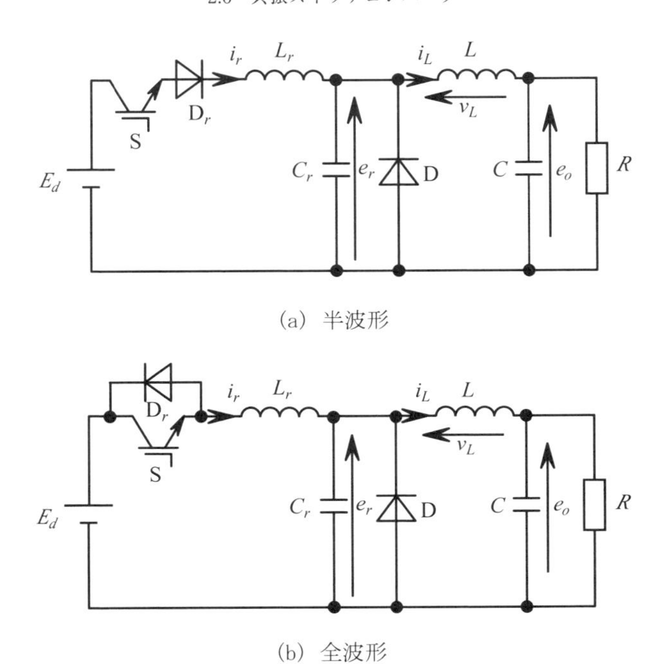

図 2.19　ZCS 共振スイッチコンバータ

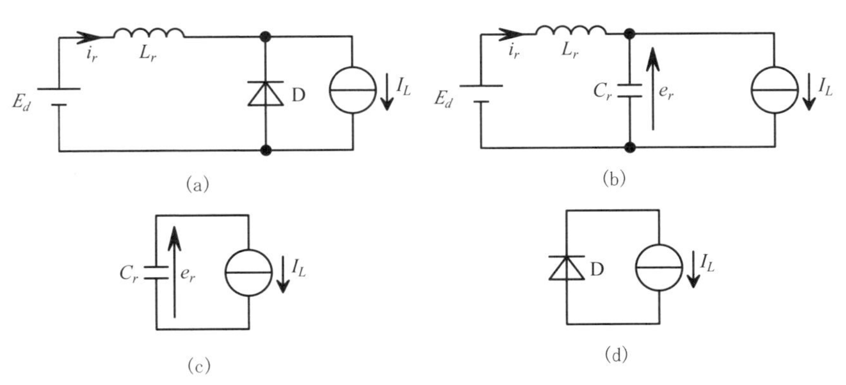

図 2.20　ZCS 共振スイッチコンバータの等価回路

I_L であると仮定すると，低域通過フィルタと負荷回路は大きさ I_L の等価電流源で置き換えることができるので，1スイッチング周期における等価回路は図2.20のように表される．また，定常状態の動作波形は図2.19（a），（b）に対してそれぞれ図2.21および図2.22のようになる．ただし，$t=0$ 以前は I_L がダイオードDを通って環流しているものとする．したがって，このときのコンデンサ電圧 e_r は0である．

(1)　モード1（$0\sim t_1$）

$t=0$ においてスイッチSがZCSでターンオンされると，図2.20（a）からわかるように，i_r が I_L より小さい間はダイオードDが導通しているので

$$L_r\frac{di_r}{dt}=E_d \quad (2.73)$$

が成立する．このとき，i_r の初期値は0であるから

$$i_r=\frac{E_d}{L_r}t \quad (2.74)$$

となって，i_r は直線的に上昇する．ただし，Dがオン状態にあるので e_r は0である．i_r が I_L に達するとDはターンオフして図2.20（b）のモードへ移る．$i_r=I_L$ になる時刻を t_1 とすると，t_1 は式（2.74）から次式で与えられる．

$$t_1=\frac{I_L L_r}{E_d} \quad (2.75)$$

(2)　モード2（$t_1\sim t_2$）

図2.20（b）の状態では，L_r，C_r が直列接続された**共振回路**が形成され，

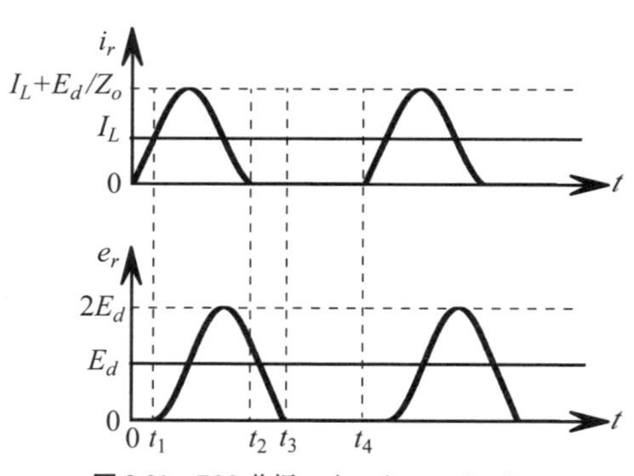

図2.21　ZCS共振スイッチコンバータの動作波形（半波形）

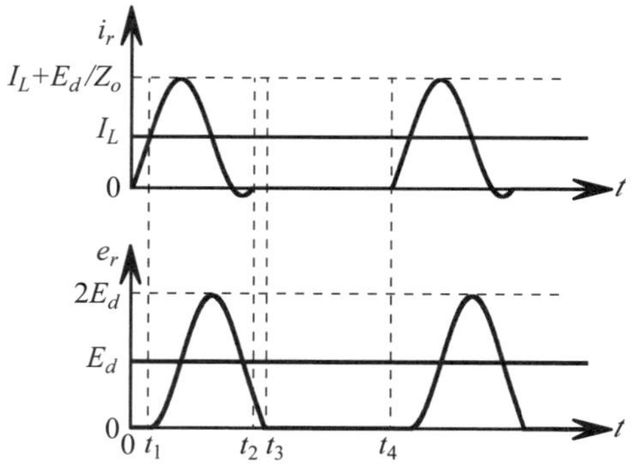

図2.22　ZCS共振スイッチコンバータの動作波形（全波形）

$$L_r \frac{di_r}{dt} = E_d - e_r \tag{2.76}$$

$$C_r \frac{de_r}{dt} = i_r - I_L \tag{2.77}$$

が成り立つ．このモードの初期条件は $i_r(t_1) = I_L$，$e_r(t_1) = 0$ であるので，共振角周波数 ω_o，特性インピーダンス Z_o をそれぞれ

$$\omega_o = \frac{1}{\sqrt{L_r C_r}} \tag{2.78}$$

$$Z_o = \sqrt{\frac{L_r}{C_r}} \tag{2.79}$$

として式（2.76），（2.77）を解くと

$$i_r = I_L + \frac{E_d}{Z_o} \sin \omega_o (t - t_1) \tag{2.80}$$

$$e_r = E_d - E_d \cos \omega_o (t - t_1) \tag{2.81}$$

が求まる．図 2.21 および 2.22 からわかるように，半波形では i_r の反転が D_r によって阻止されるのに対し，全波形では S と逆並列に接続された D_r を通って i_r は電源へ反転逆流する．半波形では i_r が 0 になったのち，全波形では i_r が反転している間に S は ZCS でターンオフされる．共振が終了する時刻を t_2 とすると，$t = t_2$ で $i_r = 0$ となるので，式（2.80）より

$$I_L + \frac{E_d}{Z_o} \sin \omega_o (t_2 - t_1) = 0 \tag{2.82}$$

が成立し，半波形では $\pi < \omega_o (t_2 - t_1) < 3\pi/2$ であるので，

$$t_2 = t_1 + \frac{\pi}{\omega_o} + \frac{1}{\omega_o} \sin^{-1} \frac{Z_o I_L}{E_d} \tag{2.83}$$

全波形においては $3\pi/2 < \omega_o (t_2 - t_1) < 2\pi$ であるので，

$$t_2 = t_1 + \frac{2\pi}{\omega_o} - \frac{1}{\omega_o} \sin^{-1} \frac{Z_o I_L}{E_d} \tag{2.84}$$

となる．このような共振状態が終了すると流れる電流は I_L のみとなり，図 2.20（c）のモードへ移行する．

(3)　モード 3（$t_2 \sim t_3$）

図 2.20（c）のモードでは一定電流 I_L が流れることによって C_r が放電する．このとき，

$$C_r \frac{de_r}{dt} = -I_L \tag{2.85}$$

が成り立つので，

$$e_r = e_r(t_2) - \frac{I_L}{C_r}(t - t_2) \tag{2.86}$$

となり，e_r は直線的に減少する．ただし，$e_r(t_2)$ はこのモードでの e_r の初期値を意味し，i_r は 0 である．e_r が 0 まで減少するとダイオード D がターンオンし，コンバータは図 2.20（d）に示す次のモードで動作する．$t = t_3$ で e_r が 0 になるとすると，t_3 は式（2.86）より次式で与えられる．

$$t_3 = t_2 + \frac{C_r}{I_L} e_r(t_2) \tag{2.87}$$

(4)　モード 4（$t_3 \sim t_4$）

t_3 から次にスイッチ S がターンオンされる t_4 までは図 2.20（d）のように I_L は D を通って環流し，このとき i_r，e_r は 0 である．

ところで，モード 2 の $t = t_2$ で i_r が 0 になると仮定した．$-1 < \sin \omega_o (t_2 - t_1) < 0$ であることを考慮すると，この仮定が成立するためには，式（2.82）から

$$I_L < \frac{E_d}{Z_o} \tag{2.88}$$

でなければならない．したがって，式（2.88）が ZCS の条件となる．また，電源 E_d あるいは C_r から負荷へエネルギーが供給されるのは t_3 までであり，$t_4 - t_3$ を変えることによって出力電圧が調整可能となる．換言すれば，$1/t_4$ がスイッチング周波数 f_s に相当するので，出力電圧を調整するためには f_s を制御する必要がある．なお，式（2.80）より i_r のピーク値は $I_L + E_d/Z_o$ であるので，一般にスイッチモードコンバータに比較して電流ストレスが大きくなることに注意しなければならない．

2.6.2　ZVS 共振スイッチコンバータ

ZVS 共振スイッチコンバータでは，共振用コンデンサ C_r がスイッチと並列

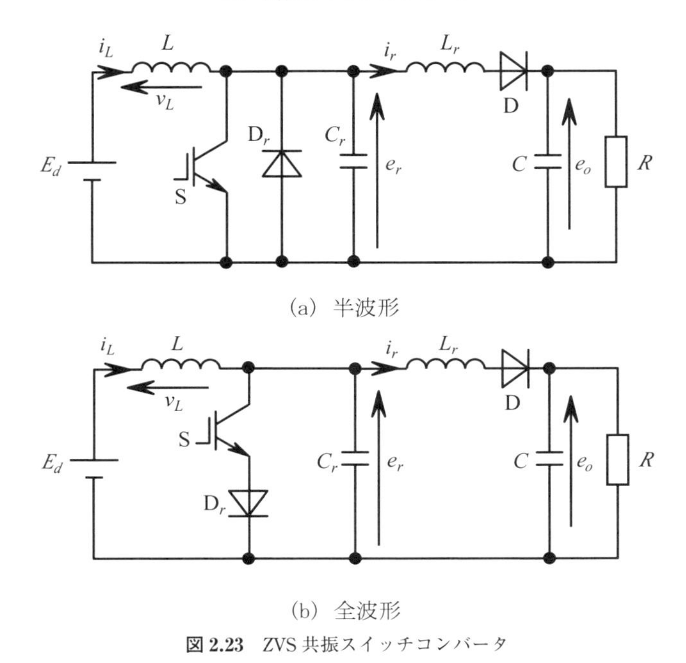

図 2.23 ZVS 共振スイッチコンバータ

に接続され，共振用リアクトル L_r と C_r によって生じる正弦波状のコンデンサ電圧が 0 のときスイッチはターンオン・ターンオフされる．図 2.7 のブーストコンバータのスイッチ S を共振スイッチ化した半波形と全波形の ZVS 共振スイッチコンバータを図 2.23（a）および（b）に示す．このとき，半波形と全波形はスイッチに印加される電圧が半波か全波かによって分類される．半波形では共振電流 i_r がスイッチと逆並列に接続されたダイオード D_r を通って流れることにより $e_r \geq 0$ であるのに対し，全波形のときはこのような電流ループがないので e_r は逆極性にも充電される．このとき，D_r はスイッチに逆極性のコンデンサ電圧 e_r が印加されるのを阻止する．図 2.23 の L および C が十分大きいと仮定すると，L を含む電源と負荷回路は各々大きさ I_L の等価電流源および大きさ E_o の等価電圧源で置き換えることができ，1 スイッチング周期における等価回路は図 2.24 で表される．また，定常状態の動作波形は図 2.23（a），（b）に対してそれぞれ図 2.25 および図 2.26 のようになる．ただし，$t=0$ 以前

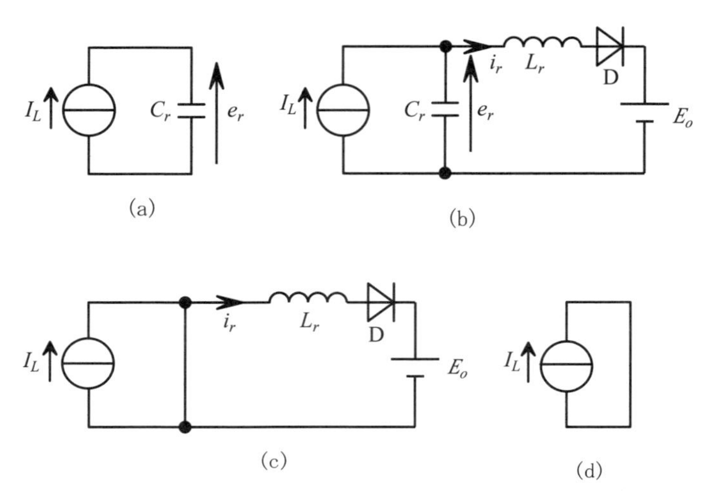

図 2.24　ZVS 共振スイッチコンバータの等価回路

は I_L が S を通って流れ，ダイオード D はオフ状態にあるとする．このとき，$i_r=e_r=0$ である．

(1)　モード 1（$0\sim t_1$）

$t=0$ においてスイッチ S が ZVS でターンオフされると，図 2.24（a）の等価回路から，C_r は I_L で充電され

$$C_r\frac{de_r}{dt}=I_L \tag{2.89}$$

が成立する．このとき，e_r の初期値は 0 であるので，

$$e_r=\frac{I_L}{C_r}t \tag{2.90}$$

となって，e_r は直線的に上昇する．ただし，$e_r<E_o$ の間はダイオード D がオフのため i_r は 0 である．e_r が E_o に達すると D は順バイアスされてターンオンし図 2.24（b）のモードへ移る．$e_r=E_o$ になる時刻を t_1 とすると，t_1 は式（2.90）から次式で与えられる．

$$t_1=\frac{C_rE_o}{I_L} \tag{2.91}$$

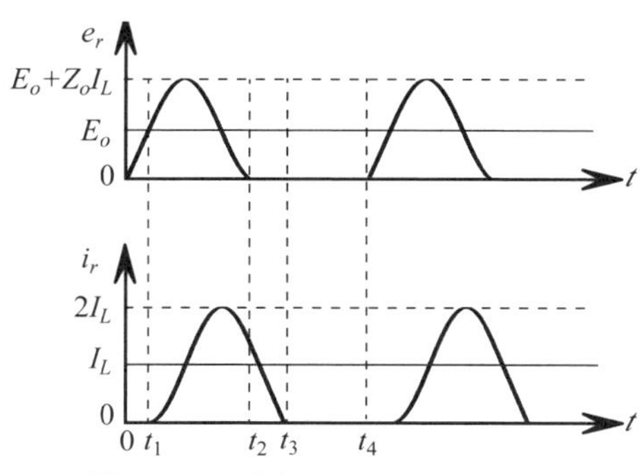

図 2.25 ZVS 共振スイッチコンバータの動作波形（半波形）

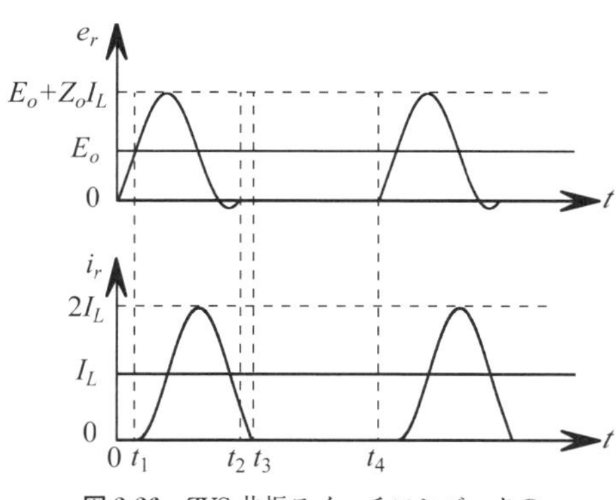

図 2.26 ZVS 共振スイッチコンバータの動作波形（全波形）

(2) モード 2（t_1〜t_2）

図 2.24（b）の状態では，L_r, C_r によって共振回路が形成され，

$$C_r\frac{de_r}{dt}=I_L-i_r \qquad (2.92)$$

$$L_r\frac{di_r}{dt}=e_r-E_o \qquad (2.93)$$

が成立する．このモードの初期条件は $e_r(t_1)=E_o$, $i_r(t_1)=0$ であるので，式（2.92），（2.93）を解くと，式（2.78），（2.79）に示した ω_o, Z_o を用いて

$$e_r=E_o+Z_oI_L\sin\omega_o(t-t_1) \qquad (2.94)$$

$$i_r=I_L-I_L\cos\omega_o(t-t_1) \qquad (2.95)$$

が求まる．図 2.25 および図 2.26 に示すように，半波形では e_r が反転しようとすると D_r が導通し e_r が 0 となるのに対し，全波形では i_r が C_r に流れて e_r が反転する．半波形では e_r が 0 になったのち，全波形では e_r が反転している間に S は ZVS でターンオンされる．共振が終了する時刻を t_2 とすると $t=t_2$ で $e_r=0$ となるので，式（2.94）より

$$E_o+Z_oI_L\sin\omega_o(t_2-t_1)=0 \qquad (2.96)$$

が成立し，半波形では $\pi<\omega_o(t_2-t_1)<3\pi/2$ であるので

$$t_2=t_1+\frac{\pi}{\omega_o}+\frac{1}{\omega_o}\sin^{-1}\frac{E_o}{Z_oI_L} \qquad (2.97)$$

全波形においては $3\pi/2<\omega_o(t_2-t_1)<2\pi$ であるので

$$t_2=t_1+\frac{2\pi}{\omega_o}-\frac{1}{\omega_o}\sin^{-1}\frac{E_o}{Z_oI_L} \qquad (2.98)$$

となる．$t=t_2$ で共振状態が終了すると，電流源 I_L が短絡されて図 2.24（c）のモードへ移行する．

(3)　モード 3（t_2〜t_3）

図 2.24（c）のモードでは i_r が流れることによって L_r がエネルギーを放出する．ただし，図のように電流源 I_L が短絡されるのは，図 2.23（a）の半波形では $i_r>I_L$ のとき D_r に i_r-I_L，$i_r<I_L$ のとき S に I_L-i_r の電流が流れ，図 2.23（b）の全波形では S，D_r に I_L-i_r の電流が流れるためである．このとき，

$$L_r\frac{di_r}{dt}=-E_o \tag{2.99}$$

が成り立つので

$$i_r=i_r(t_2)-\frac{E_o}{L_r}(t-t_2) \tag{2.100}$$

となり，i_r は直線的に減少する．ただし，$i_r(t_2)$ はこのモードでの i_r の初期値であり，e_r は 0 である．i_r が 0 まで減少するとダイオード D がターンオフし図 2.24（d）に示す次のモードで動作する．$t=t_3$ で i_r が 0 になるとすると，t_3 は式（2.100）より

$$t_3=t_2+\frac{L_r}{E_o}i_r(t_2) \tag{2.101}$$

で与えられる．

(4)　モード 4（t_3〜t_4）

t_3 から次にスイッチ S がターンオフされる t_4 までは図 2.24（d）のように I_L は S を通って流れ続ける．このとき，e_r，i_r は 0 である．

図 2.23 のコンバータが ZVS でターンオン・ターンオフするためには，ZCS 共振スイッチコンバータの場合と同様に $-1<\sin\omega_o(t_2-t_1)<0$ であることを考慮すると，式（2.94）から

$$E_o<Z_oI_L \tag{2.102}$$

でなければならない．また，出力電圧を調整するためにスイッチング周波数を制御する必要があることは ZCS 共振スイッチコンバータと同じである．しかし，ZCS 共振スイッチコンバータではスイッチング周波数が高くなるほどオフ時間が短くなるので出力電圧が上昇するのに対し，ZVS 共振スイッチコン

バータではスイッチング周波数が高くなるほどオン時間が短くなるので出力電圧は低下する．一方，式（2.94）より e_r のピーク値は $E_o+Z_oI_L$ であるので，ZVS 共振スイッチコンバータではスイッチモードコンバータに比較して一般に電圧ストレスが大きくなる．

なお，図 2.3 のバックコンバータと図 2.7 のブーストコンバータの間に双対性が成立しているのと同様に，図 2.19 の ZCS 共振スイッチコンバータと図 2.23 の ZVS 共振スイッチコンバータは双対の関係にある．

【例題 2.1】 本章では簡単のため DC-DC コンバータの出力電圧は一定と仮定したが，実際にはコンデンサは充放電を繰り返すので，その端子電圧は脈動する．図 2.7 に示したブーストコンバータの出力電圧の脈動に対する負荷抵抗，コンデンサ容量およびスイッチング周波数の影響を検討せよ．

【解答】 ダイオード D に流れる電流を i_D とし，簡単のため i_D の脈動成分はコンデンサを通って流れ，負荷抵抗には i_D の平均値が流れるものと仮定すると，i_D と e_o の波形は図 2.27 のようになる．ただし，i_D の平均値 I_D は E_o/R であり，図のように S オンおよび S オフのときのコンデンサ電荷の変化分 Δq は等しい．図 2.27 より，e_o の脈動の振幅 Δe_o は

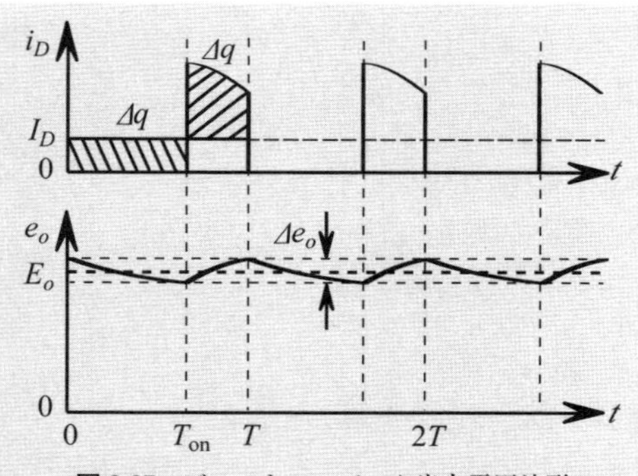

図 2.27　ブーストコンバータ出力電圧波形

$$\Delta e_o=\frac{\Delta q}{C}=\frac{I_DT_{on}}{C}=\frac{E_oDT}{CR} \tag{2.103}$$

で与えられる．$1/T$ がスイッチング周波数 f_s に等しいことを考慮すると，式（2.103）は

$$\frac{\Delta e_o}{E_o}=\frac{D}{CRf_s} \tag{2.104}$$

となる．式（2.104）から，出力電圧の脈動は R の減少に伴って大きくなるが，C が大きく，あるいは f_s が高くなるほど小さくなる．また，スイッチング周波数を高く設定すればコンデンサは小型化できることがわかる．

演習問題

2.1 図 2.28 は，図 2.3 に示したバックコンバータのコンデンサ C を取り除いたコンバータである．L を負荷に含むものとして，負荷電圧の平均値 E_o をデューティ比 D を用いて求めよ．

2.2 式（2.16），（2.18）より，バックコンバータの入出力電圧の関係を求めよ．また式（2.13）を用いて i_L の平均値 I_L を求めよ．

2.3 図 2.11 のコンバータにおいて，S_2 をオフとし，S_1 に PWM を適用した．S_1 オンのときに増加するリアクトルのエネルギーが S_1 オフのときに E_{d2} へ移送される．これを式で表し，E_{d1} と E_{d2} の関係を求めよ．

2.4 図 2.29 のスイッチ S に PWM を適用したとき，電流源からみた等価抵抗 r をデューティ比 D と抵抗 R を用いて表せ．

2.5 図 2.3 に示したデューティ比 D で動作するバックコンバータを n 個縦続接続したとき，入出力電圧の関係を求めよ．

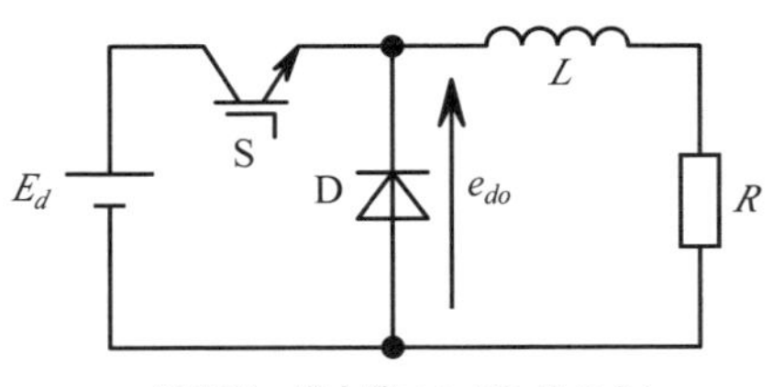

図 2.28 出力端コンデンサのないバックコンバータ

2.6 図 2.30 に示すスイッチ S_1，S_2 の組み合わせによりどのような DC–DC 変換動作が可能か検討せよ．

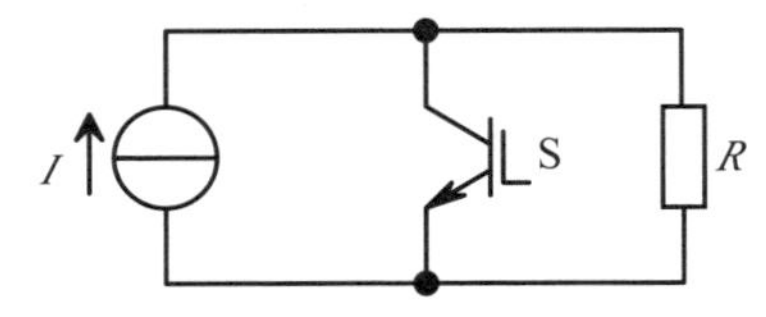

図 2.29 スイッチによる抵抗の調整

2.7 図 2.16 に示した Cuk コンバータはリアクトルを 1 つにまとめることができる．この回路構成を示せ．

2.8 式（2.9）と式（2.13）を用いて，(a) Cuk コンバータ，(b) Sepic，(c) Zeta コンバータの入出力の電圧，電流を示した式（2.61）～(2.64)，式（2.65）～(2.68)，式（2.69）～(2.72）を求めよ．ただし，簡単のため，リアクトル電流 i_{L1}，i_{L2}，コンデン

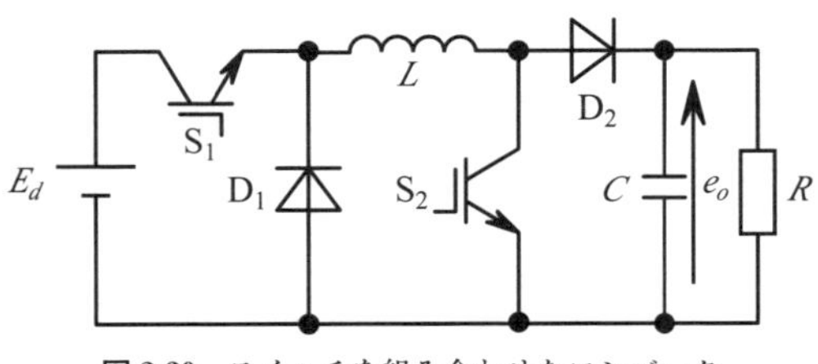

図 2.30 スイッチを組み合わせたコンバータ

サ電圧 e_C, e_o はそれぞれ一定値 I_{L1}, I_{L2}, E_C, E_o であるとする.

2.9 出力フィルタコンデンサが十分大きく, 連続モードで動作するバックコンバータ, ブーストコンバータ, バックブーストコンバータがある. いずれも電源電圧 $E_d = 200$ V, デューティ比 $D = 0.6$ で定常動作しているとき, スイッチ S とダイオード D の順方向電圧降下 V_{on} がともに 2 V ある場合のそれぞれのコンバータ出力電圧 E_o はいくらか.

解 答

2.1 S オンのとき $e_{do}=E_d$, S オフのとき $e_{do}=0$ であり, e_{do} の平均値を E_{do} とすると,

$$E_o=E_{do}=DE_d$$

2.2 定常状態では動作の周期性より $i_L(0)=i_L(T)$ が成立するので,

$$E_o=DE_d$$

C に流入する電流 i_C は $i_C=i_L-E_o/R$ であるので,

$$I_L=\frac{E_o}{R}$$

2.3 リアクトルに流れる平均電流が I_L のとき, 1 スイッチング周期における L の入出力エネルギーバランスから,

$$E_{d1}I_LT_{\mathrm{on}}=(E_{d2}-E_{d1})I_LT_{\mathrm{off}},\quad E_{d2}=\frac{1}{1-D}E_{d1}$$

2.4 R の端子電圧 e_R は S オンのとき 0, S オフのとき RI であるので,

$$r=\frac{E_R}{I}=(1-D)R$$

2.5 縦続接続はカスケード接続 (cascade connection) とも呼ばれ, 一般に, あるコンバータの出力電圧を次のコンバータの入力電圧とする接続法である. したがって,

$$E_o=D^nE_d$$

2.6 S_2 オフで S_1 をオンオフ制御したとき, S_1 オンで S_2 をオンオフ制御したとき, S_1, S_2 を同時にオンオフ制御したときの動作を考えればよい. S_2 オフで S_1 をオンオフ制御したときにはバック動作, S_1 オンで S_2 をオンオフ制御したときにはブースト動作, S_1, S_2 を同時にオンオフ制御したときにはバックブースト動作が可能になる.

2.7　電流 i_{L1}，i_{L2} が流れる経路を考えれば，図 2.31 の構成となる.

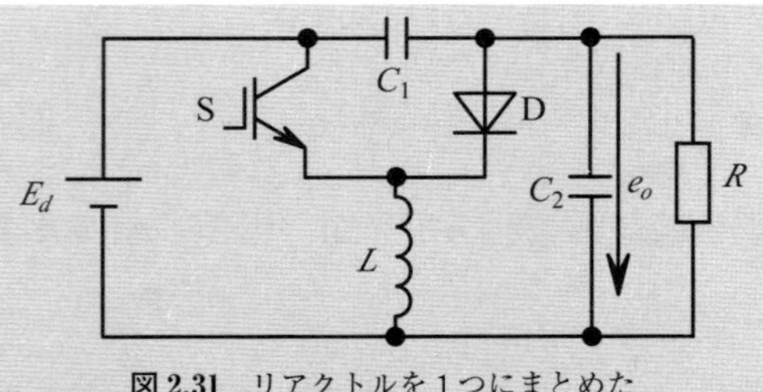

図 2.31　リアクトルを 1 つにまとめた Cuk コンバータ

2.8　式（2.9）と式（2.13）より，スイッチ S のオンおよびオフ時の動作を考えれば各コンバータで 4 個の方程式が成立し，これを解けば，(a) Cuk コンバータ：式（2.61)〜(2.64)，(b) Sepic：式（2.65)〜(2.68)，(c) Zeta コンバータ：式（2.69)〜(2.72)　が得られる.

2.9　電圧降下 V_{on} を考慮して，それぞれのコンバータにおけるリアクトル L の電圧時間積を再計算して入出力電圧関係を求めると

バックコンバータ：　$E_o = DE_d - V_{on} = 118\ \text{V}$

ブーストコンバータ：　$E_o = \dfrac{1}{1-D}(E_d - V_{on}) = 495\ \text{V}$

バックブーストコンバータ：　$E_o = \dfrac{1}{1-D}(DE_d - V_{on}) = 295\ \text{V}$

Tea Time

パワーバランスとエネルギーバランス

　エネルギーの単位はジュール［J］であり，物理量の仕事である．また，電力の単位ワット［W］の物理量は仕事率であり，単位［J/s］である．電力に時間を乗じたものは電力量［Ws］と呼ばれ，これはエネルギーである．一般には，電力量は単位［kWh］が用いられる．電力変換器などすべての機器は，損失のない理想的な場合には，入力電力と出力電力が等しく，これをパワーバランス（電力平衡）という．電力は，直流のときは平均値，交流では実効値と力率を用いて計算する．一方，本章で説明したコンバータなどはスイッチによって回路状態が変化し，入力や出力の電流（あるいは電圧）が不連続（または 0）となる．このような状況では，瞬時値と時間を用いたエネルギーの計算が容易である．周期動作を行うコンバータでは，1 スイッチング周期の入力エネルギーと出力エネルギーは等しく，これをエネルギーバランスという．すなわち，エネルギーバランスは電力量バランスである．

3　DC–AC 変換装置

直流電力を交流電力に変換する装置を**インバータ**（inverter）または逆変換装置という．直流電源が電圧源のインバータを電圧形インバータ，電流源のインバータを電流形インバータと呼ぶが，現状は電圧形インバータが主流となっている．インバータで変換した交流の周波数や振幅を調整することで，産業用可変速駆動装置や電力系統における周波数変換装置など，さまざまな製品に応用されている．

インバータはパワーエレクトロニクスの中核をなす技術である．本章では単相電圧形インバータを主に説明し，次に交流電動機駆動装置の基本となる三相電圧形インバータの動作原理について説明する．また，この原理は前章の DC–DC 変換装置で学んだバックコンバータとブーストコンバータの組合せで説明できることを示す．

3.1　インバータ動作の条件

インバータ動作にあたり，直流側と交流側の電気的特性を満足させて電力変換を行うため，原理的に考慮しなければならない諸条件をまとめる．

(1)　交流の条件

交流では電圧と電流に位相差が生じ電力が負となる期間があるため，有効電力 P と無効電力 Q が生じる．一方で直流では電力は常に一方向で無効電力は生じない．したがって有効電力の授受は直流側，交流側双方で行われるが，無効電力は交流側でのみ処理しなくてはならない．すなわち交流側では電圧と電流の向きが異なる回路を確保することが必要となる．

直流側と交流側の双方に電力源があり双方向の電力授受を行う場合には有効電力と無効電力がそれぞれ双方向になるような 4 象限運転が必要となる．

(2)　スイッチング素子からくる条件

前章と同様に原理的に変換器で損失を生じないためには電力用半導体素子を

スイッチング素子として使用することとなる．スイッチング素子はオンとオフの 2 通りの状態があり，オンで直流側の電圧を交流側に与え，オフで交流側との接続を遮断する．出力の調整はこのオン・オフの組合せで行う．また直流側は電圧または電流が一定であるのに対し，交流側は正弦波状の電流または電圧を必要とする場合が普通であるので，一定値から正弦波を作成する方策が必要となる．

(3)　電流の転流条件

スイッチング素子が接続される回路には一般にインダクタンス成分が含まれるか，意図的でなくともインダクタンス成分が存在する．この場合，電流値でエネルギーを保持しているため電流経路を遮断することはできない．すなわちスイッチング素子をオフするにあたっては回路のインダクタンス成分が持つエネルギーを処理する必要がある．

3.2　電圧形インバータ

3.2.1　インバータ回路とその動作

直流電源が電圧源のインバータを**電圧形インバータ**（VSI：voltage source inverter）という．現在，産業界では電圧形インバータが広く使用されている．

本方式の場合，直流電圧方向が一定なので電力の授受は直流電流の方向を変えることで行う．すなわち正電流で交流側への電力供給，負電流で交流側からの電力受取を行う必要がある．また，遅れ電流や進み電流を流し交流状態を実現するためにはスイッチング素子は双方向の流れを可能とするものでなければならない．しかし，現実には単一素子で双方向の動作を実現するものが存在しないため，図 3.1 のように正電流を自励式スイッチング素子を用いて，負電流を自励式スイッチング素子と逆並列に挿入されたダイオードで処理する素子構成が一般的である．このダイオードは**帰還ダイオード**（feedback diode）と呼ばれる．

図 3.1 に示しているように出力が単相交流である**単相電圧形インバータ**の基本動作原理を，(a) の基本回路，(b) の各部波形，(c) の回路状態とともに説明する．ここで，負荷は LR 直列回路としている．スイッチング素子は IGBT とダイオードを逆並列に接続し双方向の流れを実現している．この組合せはア

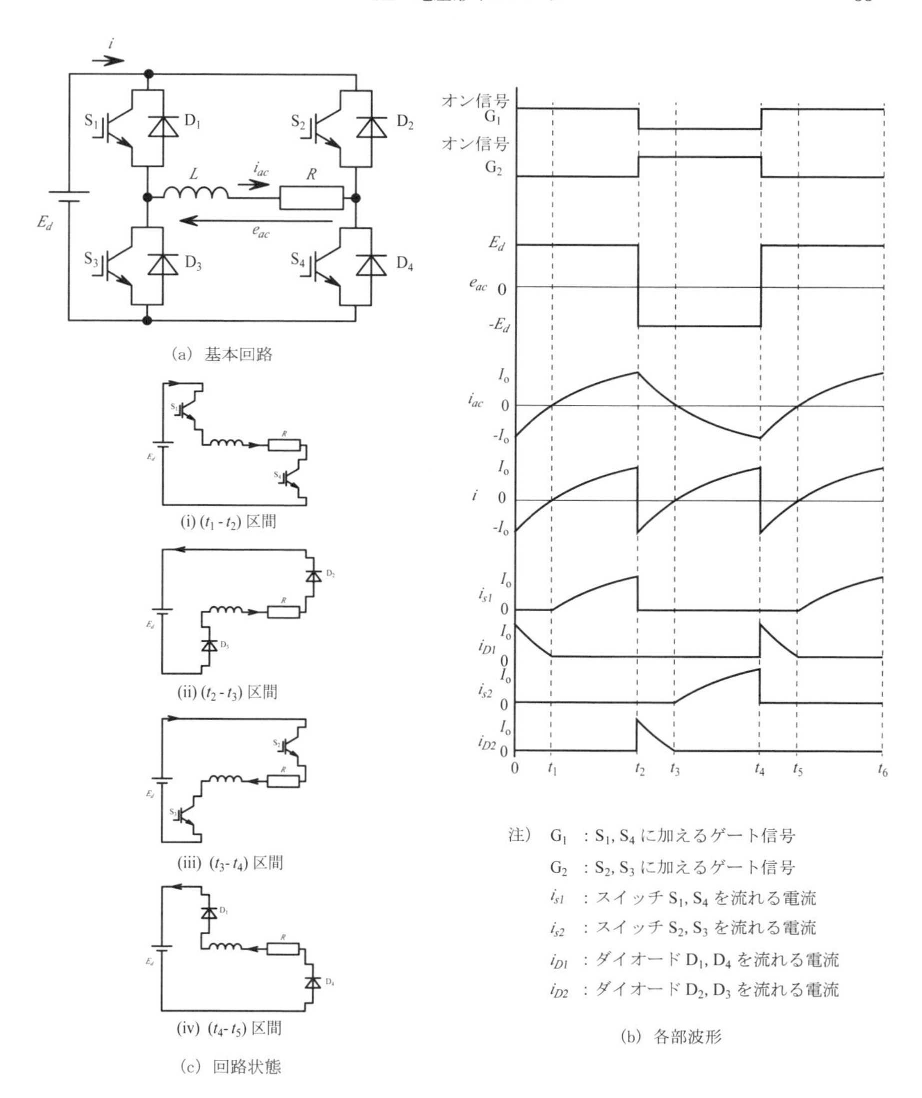

図 3.1 単相電圧形インバータ回路

ームと呼ばれ，アームを縦方向に連結したものを**レグ**と呼んでいる．電圧形インバータでは，上下アームを同時にオンすると電源短絡を引き起こし回路が破損するため，決して行ってはならない．このため，実際の回路では１つのレグにおいてオンしている素子がオフしてから一定の期間後にオフしていた素子がオンするようになっており，この期間を**デッドタイム**と呼ぶ．本章では簡単のため解析上はデッドタイムは考慮せずに考えることとする．また，スイッチング素子にオン信号を与えても回路状態によっては直ちにオン状態にはならないことがあることに留意する必要がある．

いま，定常状態を考え S_1 と S_4 にゲート信号 G_1 が，S_2 と S_3 にゲート信号 G_2 が与えられているとする．(t_1-t_2) 区間では交流側には直流電圧 E_d が加わり，電流は増加する．時刻 t_2 で G_1 をオフすると同時に G_2 をオンするが，L にはこのときの電流によるエネルギーがあり，同じ方向の電流を流し続けようとするため，$i_{ac}>0$ の区間では，S_2，S_3 はオンできず D_2 と D_3 がオンする．このとき，負荷電流 i_{ac} は直流電圧と逆極性となり急激に減少する．また，電源側には D_2 を通じて負荷電流 i_{ac} が流れ込むため電源電流 i は負となる．時刻 t_3 となると，S_2，S_3 が順バイアスとなってオン状態となるため，D_2，D_3 はオフする．この時刻より電流は D_2，D_3 から S_2，S_3 へ転流する．その後，時刻 t_4 で S_1，S_4 にオン信号が加えられる．この際も電流の極性により，まず D_1，D_4 がオンとなり負荷電流 i_{ac} は負から正方向に増加する．時刻 t_5 で電流の極性が切り替わり，S_1，S_4 がオンの状態に戻ることで 1 周期が経過する．図 3.1（b）には各素子を流れる電流も同時に記載している．

ここで電流波形を導出するため，時刻 t_1 での電流を 0 とおいて電圧方程式を導出すれば，

$$L\frac{di_{ac}}{dt}+Ri_{ac}=E_d \tag{3.1}$$

となり，$i_{ac}(t_1)=0$ を代入すれば

$$i_{ac}=\frac{E_d}{R}\left(1-\varepsilon^{-\frac{R}{L}t}\right) \tag{3.2}$$

となる．ここでは t_1 からの時間を t としている．

時刻 t_2 では，電圧の極性が入れ替わるため電圧方程式は

$$L\frac{di_{ac}}{dt}+Ri_{ac}=-E_d \tag{3.3}$$

となり，$i_{ac}(t_2)=I_0$ とすれば

$$i_{ac} = -\frac{E_d}{R}\left(1-\varepsilon^{-\frac{R}{L}t}\right) + I_0\,\varepsilon^{-\frac{R}{L}t} \qquad (3.4)$$

が導出される．この場合も，計算を簡単にするため t_2 からの時間を改めて t として解析している．

3.2.2 交流電圧波形の制御

前項で電圧形インバータの基本的な動作を説明したが，さらにスイッチング素子のオン・オフを制御すると交流電圧波形の制御が可能となる．

(1) コンバータによる双方向電力授受回路の電圧形インバータへの拡張

前章でバックコンバータとブーストコンバータを組み合わせた双方向パワーフローが可能なコンバータ回路を示した（図 2.11）．図 3.2（a）に同様の回路を示す．ここではアームを 2 つ縦に並べた 1 レグで考える．また，図中の記号は改めてインバータの説明用に変更している．

いま，図 3.2（b）の（ i ）に示されているように，S_1 をオン，S_2 をオフすると，電源 E_{d1} から負荷に電力が供給される．この状態で S_1 をオフすると負荷電流 i_{ac} は D_2 にて環流する（図 3.2（b）の（ ii ））．この期間は直流電源と負荷とは切り離されているため電源での電力消費は起こらない．

次に図 3.2（b）の（iii）に示されているように，S_1 をオフ，S_2 をオンした状態を考える．この場合，負荷電流 i_{ac} の極性は負となり，回路のリアクトル L に電源 E_{d2} の持つエネルギーが蓄えられる．ここで S_2 をオフすると図 3.2（b）の（iv）で示されるように L のエネルギーは電源 E_{d1} に回生される．これは 3.2.1 項で記述した（t_4-t_5）区間での電圧 E_d と負荷電流 i_{ac} の極性が異なった際のインバータ動作に他ならない．このように，DC–DC 変換回路の考え方はインバータにも拡張できることがわかる．図 3.1 に示されるインバータ回路は図 3.2 の回路を 2 レグに拡張したものと等価となり，ここで示した環流状態を付加することで交流電圧波形を制御することができる．

(2) 零電圧の形成

3.2.1 項で説明したインバータの基本動作を拡張し，交流電圧波形を制御するため，図 3.3 に示すようなゲート信号 G_1–G_4 を図 3.1 に示す電圧形インバータの S_1–S_4 に与えることを考える．

（t_1-t_2）区間は直流側から交流側へ電力が供給されている**力行状態**である．

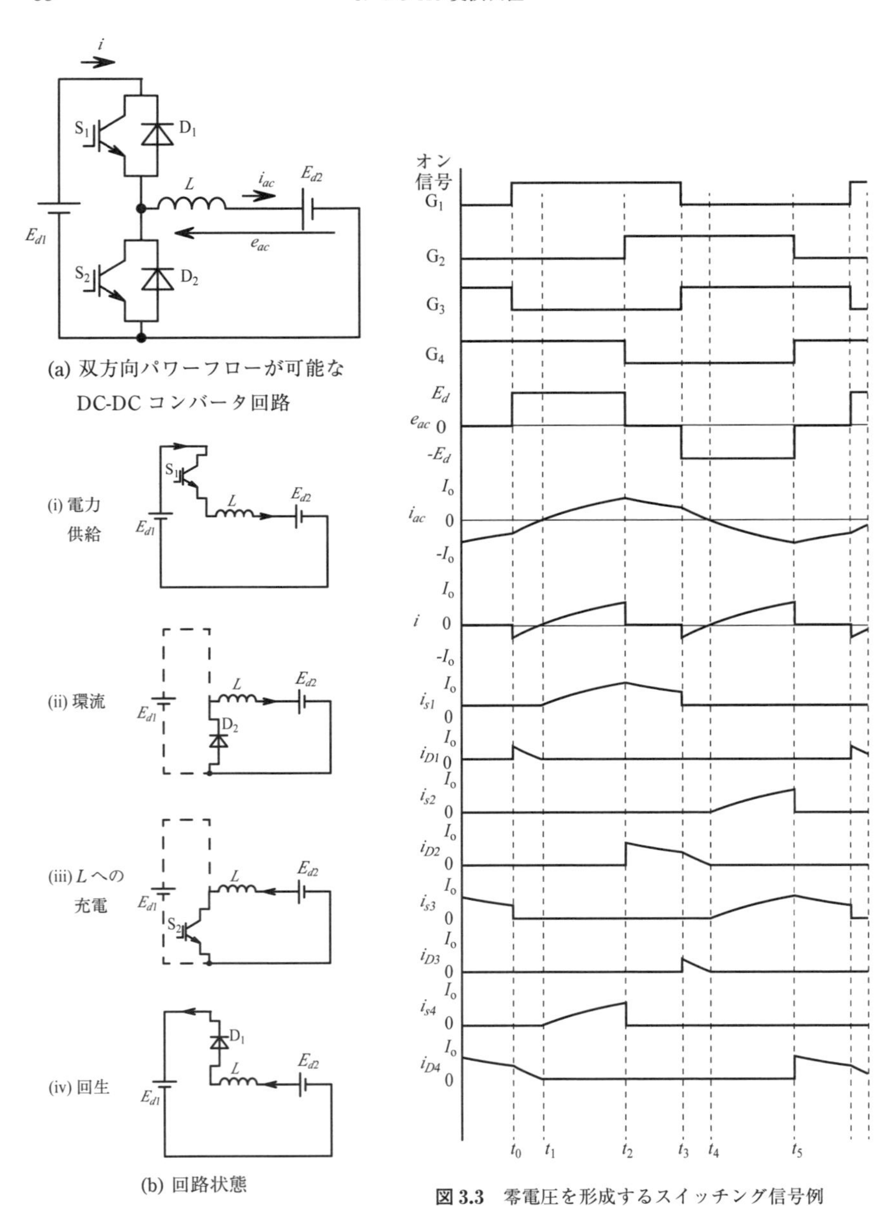

(a) 双方向パワーフローが可能な DC-DC コンバータ回路

(b) 回路状態

図 3.2　双方向パワーフローが可能なコンバータ回路のインバータへの拡張

図 3.3　零電圧を形成するスイッチング信号例

時刻 t_2 で G_4 をオフすれば（電源短絡を生じないように同時刻 t_2 で G_2 はオンさせる），$i_{ac}>0$ である期間では電流 i_{ac} は D_2 を通じて減少する**環流状態**となる．この期間は負荷側に電圧源は接続されていないので $e_{ac}=0$ となる．次に，時刻 t_3 で G_1 をオフすれば電力が交流側から直流側へ供給される**回生状態**となる．負荷電流が負の場合においても G_1–G_4 を用いてスイッチング素子を適正に制御すれば同様な動作を行うことができる．この場合にも，力行，環流，回生のそれぞれの状態が起きる．

このように，電源と負荷とを切り離した状態を作ることで交流電圧の制御が可能となる．

(3)　PWM 制御

上の(2)の状況を拡張して交流側の電圧が零となる期間を多数作る．図 3.4 に一例を示すが（$0-T/2$）の期間においては，交流側電圧が E_d と 0 とを繰り返すようにする．これは，DC–DC 変換のバックコンバータ動作時にパルスのデューティ比を可変させて出力電圧を調整していることと等価である．電流の

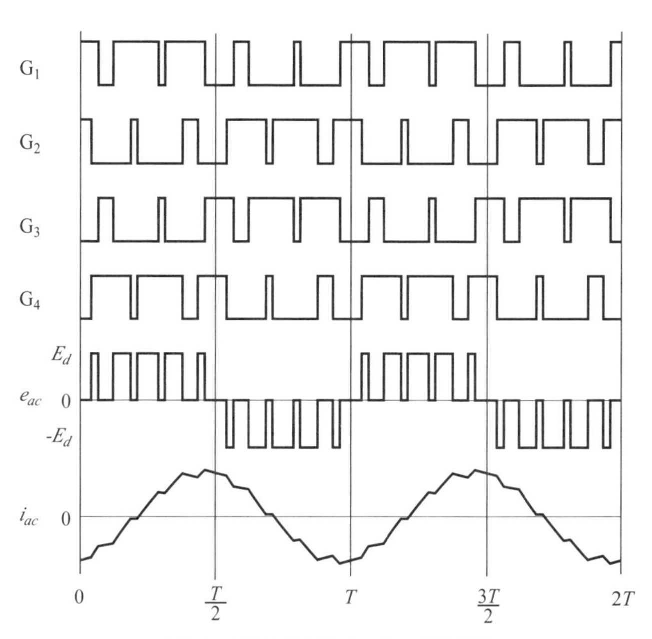

図 3.4　PWM 動作スイッチング信号例

極性を切り換えるときには回生状態を利用する．極性反転後は負側でのパルス幅を調整することで電流の値や高調波成分を制御することができる．このように，パルス状の波形となるパルスの数，ならびにその幅を調整する方法をパルス幅変調（PWM）といい，PWM を用いた制御を**PWM 制御**という．パルス幅変調方式には種々の方法が提案されているが，図 3.5 に示すように正弦波指令値（V_{ref}）と**搬送波**（V_c）を比較する**正弦波 PWM** 方式がよく知られている．電圧形の場合には交流側電圧は E_d，0，$-E_d$ の 3 種類の値しか取らずパルス状の方形波となるが，電流は回路インピーダンスによって決まるため正弦波に近づいた波形が得られる．

図 3.5 の一部を拡大すると図 3.6 を得る．正弦波指令値 V_{ref} は搬送波 1 周期の間は一定値と仮定する．ここで，搬送波の振幅を V_T，周期を T_C とする．指令値 V_{ref} の振幅は V_T を超えない範囲で増減する．図より $V_{ref}=0$ のとき，パルス幅は 50%がオンで 50%がオフとなり 1 周期間の出力は平均すると 0 となる．$V_{ref}>0$ の場合は出力電圧の平均値は正に，$V_{ref}<0$ の場合は出力電圧の平均値は負となる．いま $V_{ref}>0$ とした場合を考えると，$V_c=0$ から $V_c=V_{ref}$ となる時間 T_p と V_{ref} には下式の関係が成立する．

$$\frac{V_{ref}}{T_p}=2\frac{V_T}{T_T} \tag{3.5}$$

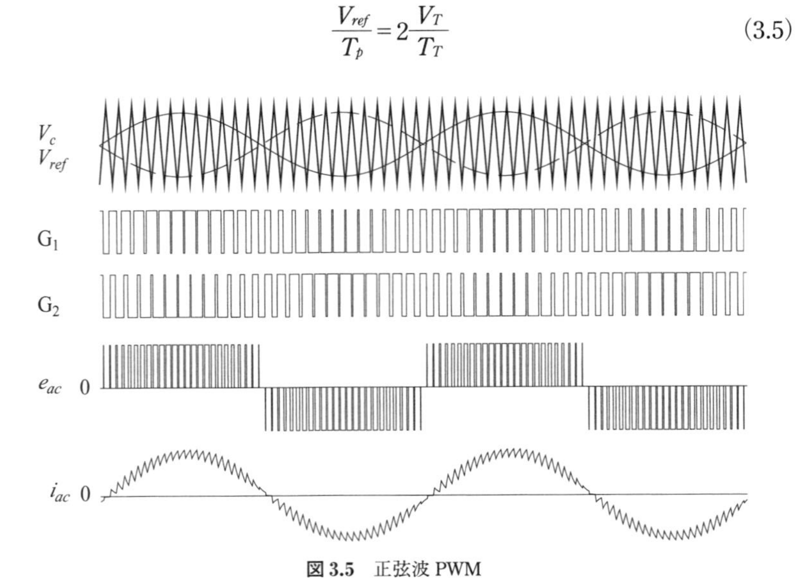

図 3.5　正弦波 PWM

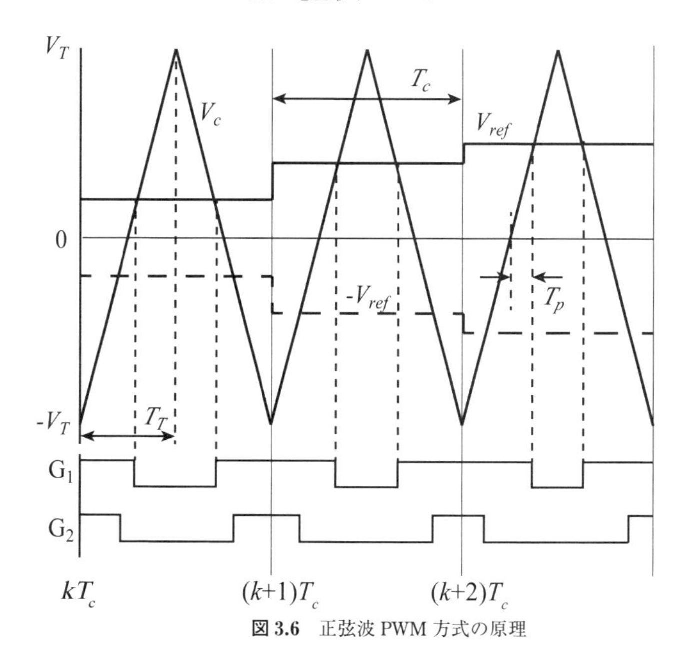

図 3.6　正弦波 PWM 方式の原理

式（3.5）を変形すれば，V_{ref} は T_p に比例することがわかる．ここで $\boldsymbol{k}$ は定数とする．

$$V_{ref} = 2\frac{V_T}{T_T}T_P = kT_P \tag{3.6}$$

このように，正弦波 PWM では正弦波の振幅に比例したパルス波形を生成し，正弦波 1 周期内のパルス数は搬送波の周波数により決まる．正弦波指令値は変調波ともいわれ，この値を変えることでパルスの幅を制御できる．

このとき，**変調率** M は

$$M = \frac{V_{ref}}{V_T} \tag{3.7}$$

で表される．

一般にパルス数を増やすと高調波成分が減少するため高周波数での運転が望ましいとされているが，スイッチング回数の増加に伴いスイッチング損失は増大し，短絡防止用に挿入するデッドタイムの影響も大きくなるので変換器の用途やスイッチング素子の種類により自ら限界が出てくる．

【例題 3.1】 前述のように正弦波と三角波から作り出す PWM ではパルス幅がそれぞれ異なるが，簡単に計算するためパルス幅がすべて等しいとする．デッドタイム T_d を 1 μs とした場合に，PWM 制御されたパルスに対してデッドタイムが与える影響を 5% 以内にするためにはスイッチング周波数をいくらにすればよいか．

【解答】 PWM 制御する周波数を f Hz とすると，パルス幅の周期は最大で $T_p=1/f$ s となる．このパルス幅の 5% である $0.05T_p$ がデッドタイム時間以下である必要がある．すなわち $0.05T_p=T_d$ が最少の周期となるので

$$T_p=2\times10^{-5}\ \mathrm{s}$$

したがってデッドタイムの影響を少なくするためには 50 kHz 以下で運転することが必要である．

(4)　その他のスイッチング方式

パルス幅変調の波形をスイッチング素子のオン・オフ制御で説明したが，変圧器により合成しても同じようなことが可能である．図 3.7 に示すように，例えば図 3.1 のインバータ 2 台の位相を ϕ ずらして動作させ，これを変圧器を介して合成すれば，図 3.3 に示したものと同じ波形を得ることができる．したがって，最初のインバータ波形がスイッチング素子のオン・オフ制御によりパルス幅制御された波形であれば，さらにこの変圧器合成により異なった波形を形成できる．このようにして，種々の方法を組み合わせて出力波形の改善が実施されている．

ここで，最も簡単な図 3.3 や図 3.7 のパルス波形のフーリエ展開を示す．$\theta=\omega t$ に置換して表示すると，

$$e_{ac}(\theta)=\frac{4}{\pi}E\left(\cos\frac{\phi}{2}\sin\theta+\frac{1}{3}\cos\frac{3\phi}{2}\sin 3\theta+\frac{1}{5}\cos\frac{5\phi}{2}\sin 5\theta+\cdots\right)\quad(3.8)$$

となり，ϕ の位置によって特定の高調波を消去できる．たとえば $\phi=\pi/3$ で第 3 高調波が，$\phi=\pi/5$ で第 5 高調波が消去される．図 3.7（b）には LR 直列負荷を接続し，$\phi=\pi/3$ と設定した際の交流側電圧 e_{ac}，負荷電流 i_{ac} を示している．

次に直流電源を複数用意し，これを組み合わせて正弦波に近づけるマルチレベルインバータを示す．図 3.8（p. 64）は単相電圧形インバータを直列に接続した**モジュラーマルチレベルインバータ**と呼ばれているものである．交流側に

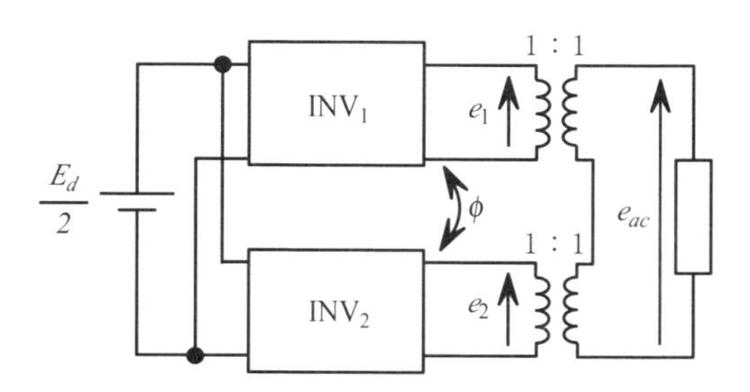

(a) 変圧器による多重化方式の基本回路

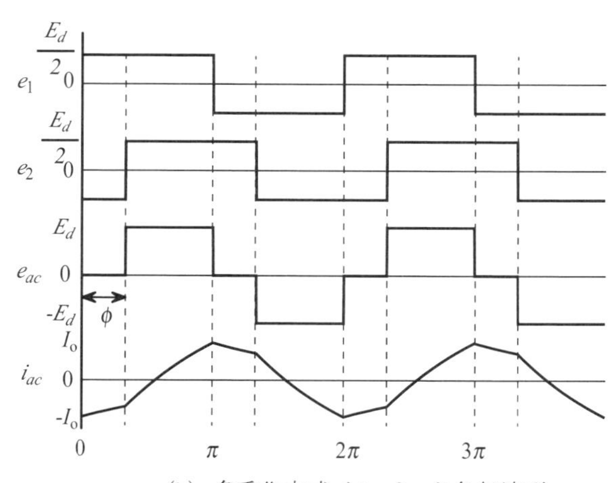

(b) 多重化方式インバータ各部波形

図 3.7　多重化方式

は，2つのインバータの和が出力されるため $2E_d$，E_d，0，$-E_d$，$-2E_d$ の5種類の電圧レベルを出力できる．さらに，図3.8 (b) に示した動作波形のようにマルチレベルインバータに PWM 制御を導入することもできる．

3.3　電流形インバータ

3.3.1　インバータ回路とその動作

直流側電源が電流源のインバータを**電流形インバータ**（CSI：current source inverter）という．直流電流の方向は1方向なので直流側での電力の授受，すなわち電力の正負は電圧の正負で行われる．図3.9に電流形インバータの基本

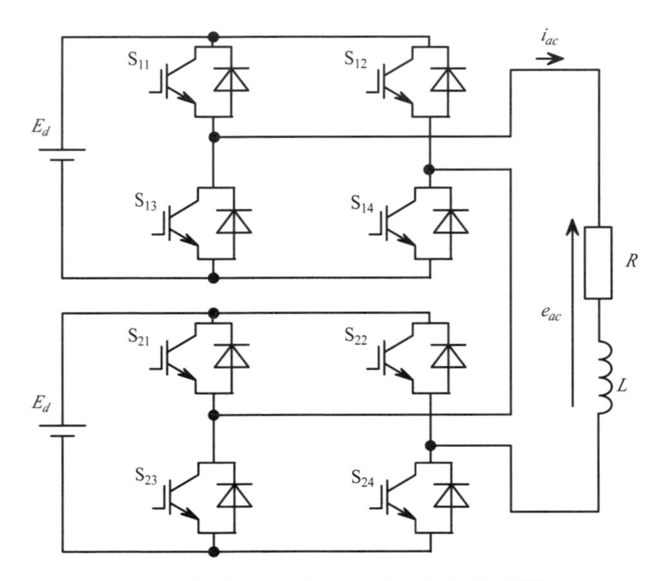

(a) モジュラーマルチレベルインバータ基本回路

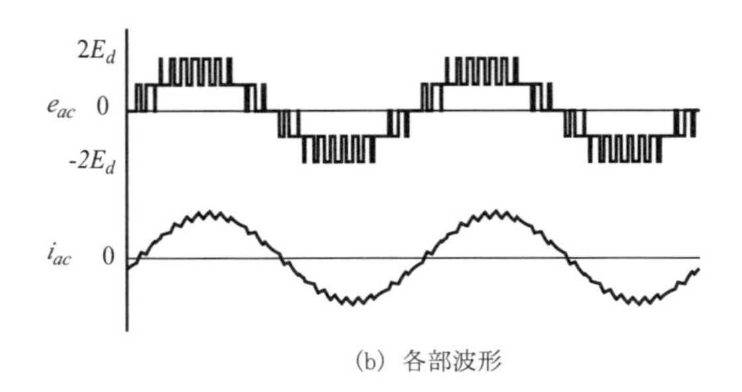

(b) 各部波形

図 3.8 モジュラーマルチレベルインバータ

回路を示す．電圧形インバータと同様に S_1 と S_4，S_2 と S_3 を交互にオンすることで交流が形成される．

電流形インバータは原理的には双方向素子は不要でスイッチング素子だけで構成できるが，スイッチング素子に逆耐圧がない場合にはダイオードが直列に接続される．一方で常に一定の直流を流す回路が必要であるため，上下のスイッチング素子を同時にオンすることで直流側電流経路を確保する．また，交流側にはコンデンサが挿入され，交流負荷電流値との差や回路や線路に含まれる

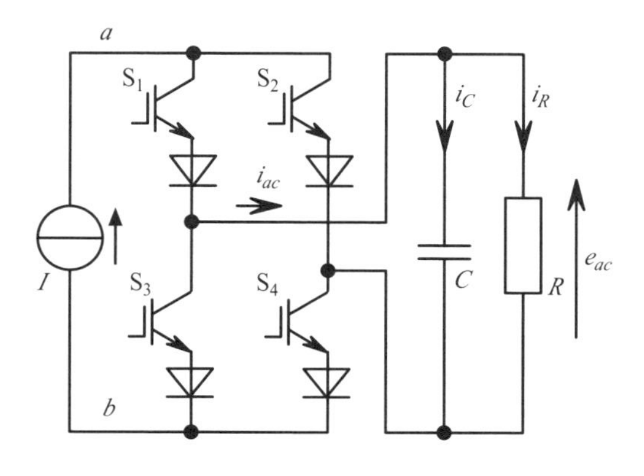

(a) 基本回路

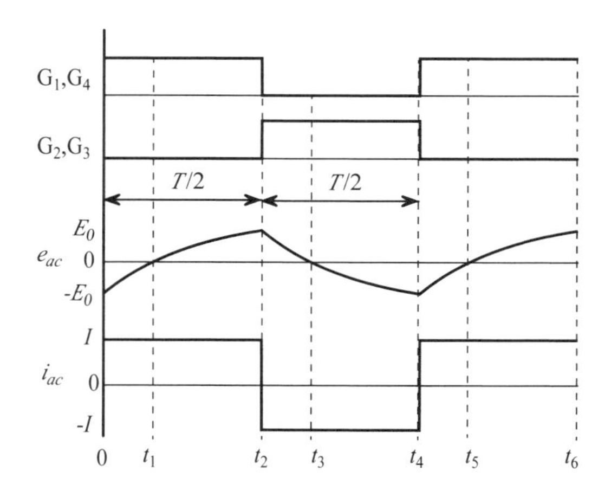

(b) 各部波形

図 3.9 電流形インバータ回路

インダクタンス成分のエネルギーを処理している.

交流側には電流源の電流が流れるのでスイッチングにより方形波電流となり，電圧はこの電流とインピーダンスの積として定まってくる.

図 3.9 より電圧を求めると，$t=0$ からの時間を t として，

$$e_{ac}=RI\left(1-\varepsilon^{-\frac{t}{RC}}\right)-E_0\varepsilon^{-\frac{t}{RC}} \tag{3.9}$$

ただし，電圧 $-E_0$ は時刻 0 での電圧とする．次に，電圧形インバータのとき

と同様に時刻 t_2 からの時間を改めて t として，電圧減少時の波形を求めると

$$e_{ac}=-RI(1-\varepsilon^{-\frac{t}{RC}})+E_0\varepsilon^{-\frac{t}{RC}} \tag{3.10}$$

となる．式 (3.9)，(3.10) を電圧形インバータの負荷電流波形 i_{ac} と比較すると，電圧形インバータと電流形インバータが**双対**の関係になっていることがわかる．

【例題 3.2】 図 3.9 の電流形インバータにおいて交流負荷を CR 並列回路とした場合の各部の電流 i_C，i_R を求めよ．すなわち一定電流 I が正負交番する条件で抵抗 R とコンデンサ C に流れる各電流を求めよ．

【解答】 ここでは交流側電流方程式を用いて解く．交流側電圧を e_{ac} として

$$I=i_C+i_R \tag{3.11}$$

$$i_C=C\frac{de_{ac}}{dt},\quad i_R=\frac{e_{ac}}{R} \tag{3.12}$$

したがって

$$I=C\frac{de_{ac}}{dt}+\frac{e_{ac}}{R} \tag{3.13}$$

$-E_0$ を時刻 $t=0$ での電圧とすると，e_{ac} は本文中の式 (3.9) と同様となる．

$$e_{ac}=RI(1-\varepsilon^{-\frac{t}{RC}})-E_0\varepsilon^{-\frac{t}{RC}} \tag{3.14}$$

時刻 $t=T/2$ で $e_{ac}=E_0$ とすると

$$E_0=RI(1-\varepsilon^{-\frac{T}{2RC}})-E_0\varepsilon^{-\frac{T}{2RC}} \tag{3.15}$$

この式を解いて，次のように E_0 を求めることができる．

$$E_0=RI\frac{1-\varepsilon^{-\frac{T}{2RC}}}{1+\varepsilon^{-\frac{T}{2RC}}} \tag{3.16}$$

交流側抵抗を流れる電流 i_R は

$$i_R=\frac{e_{ac}}{R}=I\left(1-\varepsilon^{-\frac{t}{RC}}\right)-\frac{E_0}{R}\varepsilon^{-\frac{t}{RC}}=I-\left(I+\frac{E_0}{R}\right)\varepsilon^{-\frac{t}{RC}} \tag{3.17}$$

よって i_C は

$$i_C=I-i_R=\left(I+\frac{E_0}{R}\right)\varepsilon^{-\frac{t}{RC}} \tag{3.18}$$

ここで数値を入れて考えてみると，電流の時定数は，$R=10\ \Omega$，$C=100\ \mu\mathrm{F}$ のときに $RC=10^{-3}=1$ ms となる．一方，半周期の時間は周波数が 50 Hz の場合では

10 ms になるので，電流の急激な変化（過渡状態）は回路モードが切り替わった後の早い時点で終わり，以後，前述の式中の指数項は 0 に近づき，半周期の終わりの時点では一定値に落ち着いていると考えられる．このようなときは $E_0=RI$ と近似できる．図 3.10 にこの条件のときの各部電流・電圧波形を示す．

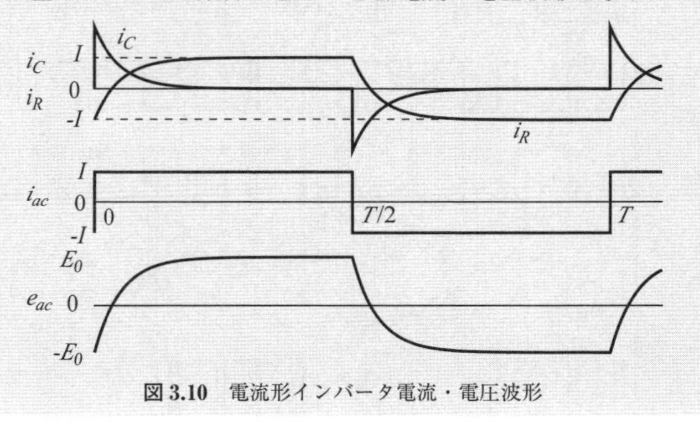

図 3.10 電流形インバータ電流・電圧波形

3.3.2 交流電流波形の制御

電流形インバータにおいては交流電流が方形波となるので電圧形インバータで述べた手法の双対性を用いて交流電流波形の制御が行われる．例えば PWM 制御や変圧器による多重化が行われている．

ここでは PWM 制御について記載する．電流形の場合には零電流期間はインバータ各レグの素子，すなわち S_1 と S_3，または S_2 と S_4 のいずれかの対を同時にオンして直流側を短絡し，交流側と切り離すことで実現できる．直流側は電流源であり，短絡されていても回路中に抵抗がなく一定の電流が流れるだけであり，エネルギーは消費されないため問題はない．この期間，負荷側とスイッチング素子群と接続されている線路の電流は $i_{ac}=0$ となり，負荷側では CR 直列回路が形成され，エネルギーは抵抗で消費される．図 3.11 に正弦波 PWM 制御時の S_1～S_4 に与えるゲート信号 G_1～G_4 および各部波形を示す．

なお変圧器により多重化を行う場合には，電圧形における直列接続の電圧合成に対して，電流形では各変圧器の並列接続による電流合成となる．

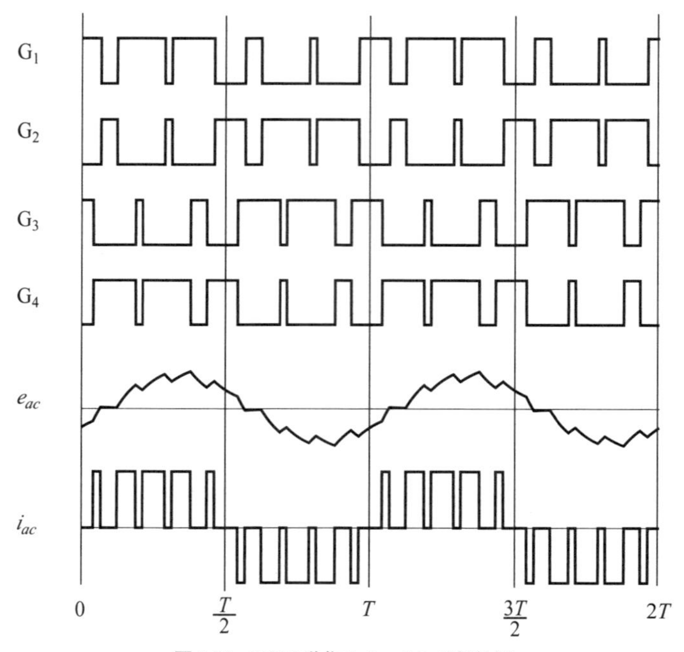

図 3.11　PWM 動作スイッチング信号例

3.4　三相インバータ

容量が大きな負荷には三相電源が使用される．このような負荷に対しては，出力が三相である**三相インバータ**が使用される．基本的にはこれまでに記載している単相インバータを拡張し，三相として構成することになる．しかし回路構成も複雑になり電流経路も複雑となるため，ここでは基本的な動作原理のみを説明する．

3.4.1　電圧形インバータ

電圧形インバータの場合は上下アームで正電圧，負電圧を受け持つよう 1 個のスイッチが 180°（$=\pi$）ごとにオンする **180° 導通形**が多く用いられる．三相電圧形インバータの場合も単相電圧形インバータと同様に上下間のアームは同時にオンできないため，3 本のレグを使用した場合のスイッチングモードとしては $2^3=8$ 通りが考えられる．表 3.1 に 180° 導通形インバータのスイッチ

表 3.1　三相電圧形インバータの動作モード

Mode No.	スイッチの状態						線間電圧			相電圧		
	S_1	S_2	S_3	S_4	S_5	S_6	v_{uv}	v_{vw}	v_{wu}	v_u	v_v	v_w
0				ON	ON	ON	0	0	0	0	0	0
1	ON				ON	ON	E_d	0	$-E_d$	$\frac{2E_d}{3}$	$\frac{-E_d}{3}$	$\frac{-E_d}{3}$
2	ON	ON				ON	0	E_d	$-E_d$	$\frac{E_d}{3}$	$\frac{E_d}{3}$	$\frac{-2E_d}{3}$
3		ON		ON		ON	$-E_d$	E_d	0	$\frac{-E_d}{3}$	$\frac{2E_d}{3}$	$\frac{-E_d}{3}$
4		ON	ON	ON			$-E_d$	0	E_d	$\frac{-2E_d}{3}$	$\frac{E_d}{3}$	$\frac{E_d}{3}$
5			ON	ON	ON		0	$-E_d$	E_d	$\frac{-E_d}{3}$	$\frac{-E_d}{3}$	$\frac{2E_d}{3}$
6	ON		ON		ON		E_d	$-E_d$	0	$\frac{E_d}{3}$	$\frac{-2E_d}{3}$	$\frac{E_d}{3}$
7	ON	ON	ON				0	0	0	0	0	0

ングモードと線間電圧，相電圧の大きさを示す．図 3.12 に，三相電圧形インバータ回路および基本的なスイッチングパターン，各相電圧電流波形を示す．ここでは 60°（$=\pi/3$）ごとにモードが切り替わっていることが確認できる．

図 3.13 には各スイッチングモードに対する基本電圧ベクトル V_0～V_7 を示す．モード 1 ～ 6 では位相が 60°（$=\pi/3$）ごとに移動しており，モード 0 および 7 のときは零電圧ベクトルになっていることがわかる．図 3.12 には現れていないが，これら 2 つの零電圧ベクトルのモードは単相電圧形インバータの**環流状態**に相当し，交流電圧波形の制御に必要な重要なモードである．

スイッチング素子のオン・オフを考える．直流側正電圧端子につながる S_1，S_2，S_3 が交流側 u，v，w の正電圧を作ることになるから S_1，S_2，S_3 は 120°（$=2\pi/3$）ごとに点弧することになる．また負電圧につながる S_4，S_5，S_6 は上側と逆の動作をすることになる．したがって S_1 の導通状態のパターンが 120°（$=2\pi/3$）遅れて S_2 に，さらに 120°（$=2\pi/3$）遅れて S_3 に現れる．下側の素子は S_4 が S_1 の 180°（$=\pi$）遅れとなり，上側の素子と同様に S_4 から位相の遅

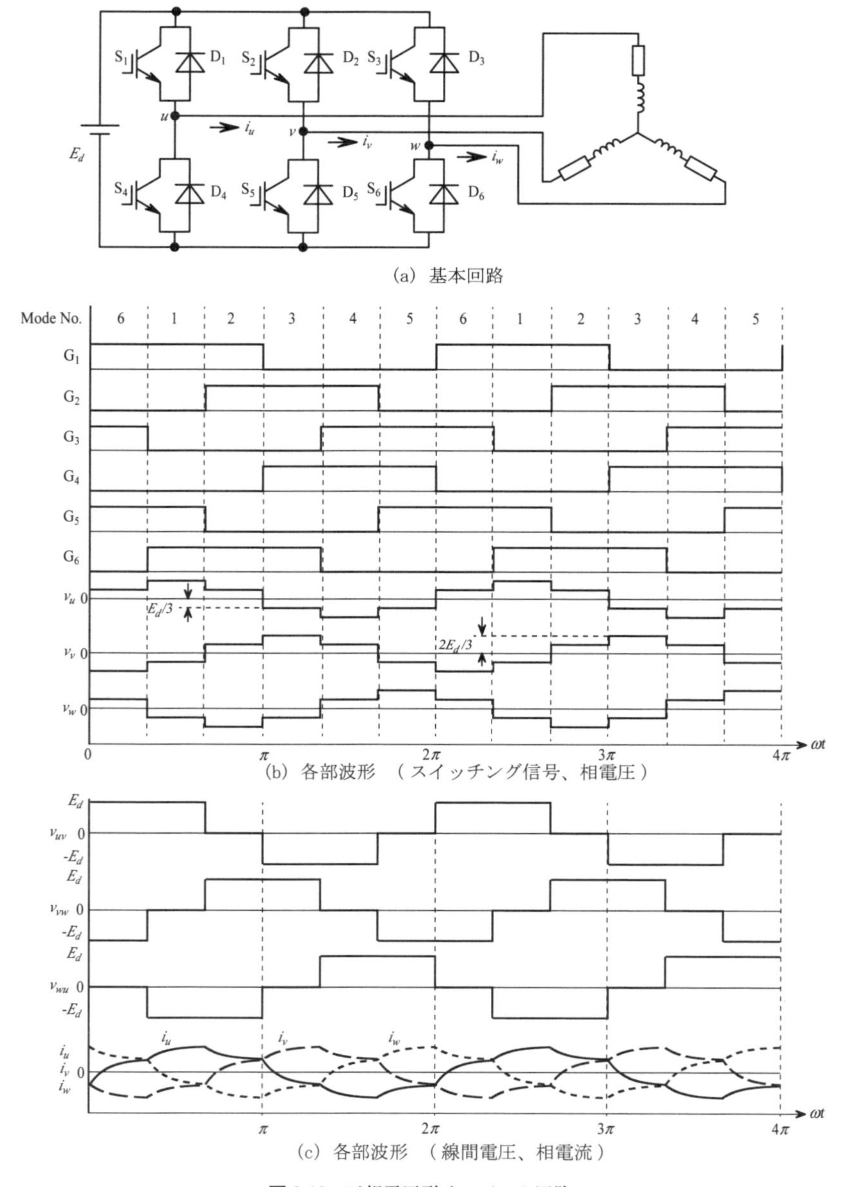

(a) 基本回路

(b) 各部波形 （スイッチング信号、相電圧）

(c) 各部波形 （線間電圧、相電流）

図 3.12 三相電圧形インバータ回路

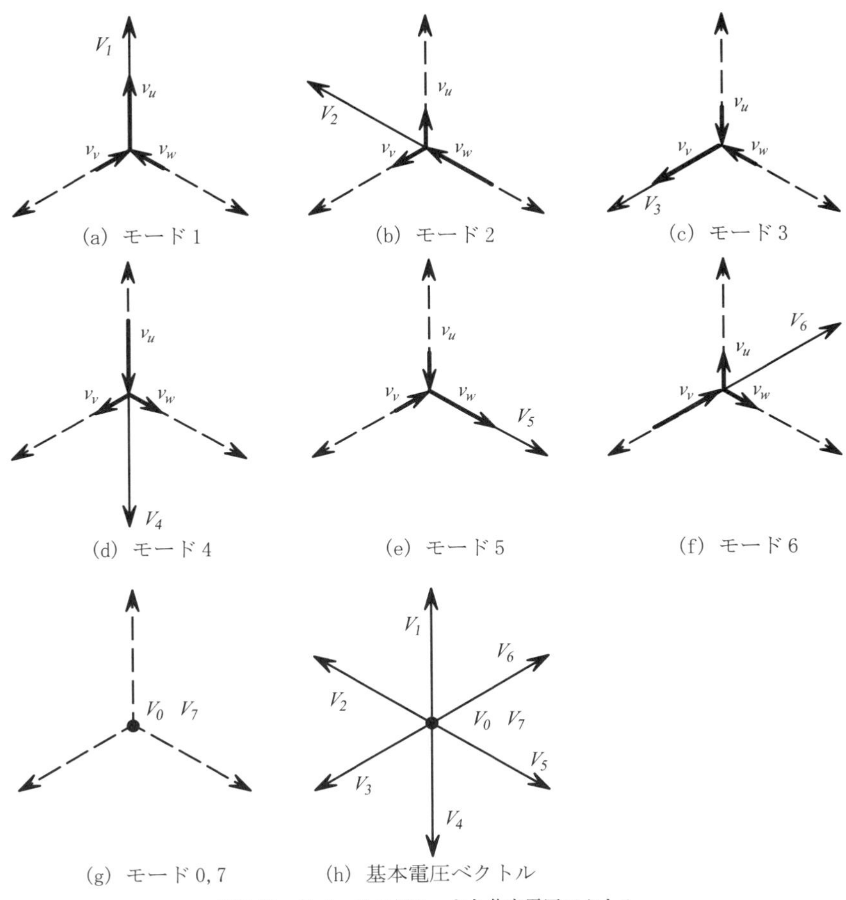

図 3.13　スイッチングモードと基本電圧ベクトル

れたスイッチングパターンが S_5，S_6 に現れることになる．図 3.12（b）にはインバータスイッチング信号と相電圧波形を示す．表 3.1 に示したように，相電圧は $E_d/3$ ステップで変化する．図 3.12（c）はインバータ線間電圧および相電流波形である．単相インバータと同様に電流は回路インピーダンスによって決まり，ここでは *LR* 直列負荷とした場合の結果を示している．

次に三相電圧形インバータに PWM を導入することを考える．この際も単相インバータを拡張することが基本的な考え方となる．三相出力の場合には指令電圧を 120°（$=2\pi/3$）ずらすことで実現できる．正弦波 PWM の場合は，隣

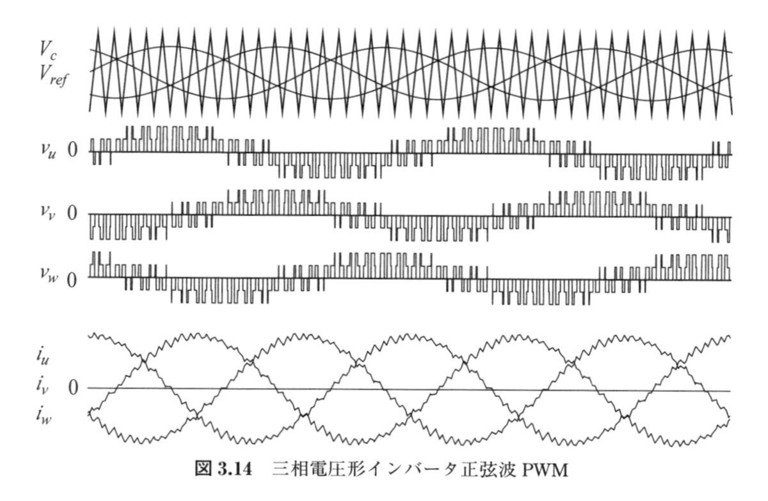

図 3.14　三相電圧形インバータ正弦波 PWM

り合う基本電圧ベクトルの成分を合成することで位相および振幅を制御できる．図 3.14 に正弦波 PWM とした場合のスイッチングパターンおよび出力相電圧，線間電圧波形を示す．電圧形であるので電流波形は方形波電圧とインピーダンスによって与えられる．同図に示されているように LR 負荷とした場合，適切なスイッチングパターンにより正弦波に近い電流波形が得られる．

インバータのスイッチング方式には前述の 180° 導通形以外に，直流電圧を三相に 1/3 周期ずつ印加する **120° 導通形**もある．この方式では直流側正電圧端子の 1 つと負電圧端子の 1 つが接続される．負荷として BLDCM（ブラシレス直流電動機）などの電動機が接続されている場合，導通していない残りの相には誘起電圧が誘起されているので速度センサレス制御などに利用されているが，ここでは詳細は省略する．

3.4.2　電流形インバータ

三相電流形インバータも単相電流形インバータと同様な方法で構築できる．図 3.15 に基本回路とそのスイッチングパターン，各部波形を示す．電流形インバータでは直流電流 I を三相に順次流すため，正側と負側の素子が 1 つずつ選択される．すなわち図のように 120°（$=2\pi/3$）ごとに導通させる 120° 導通形が基本形となる．電流形インバータでは，交流側電流は I，0，$-I$ の 3 通りとなり電圧が方形波電流と回路インピーダンスとの積で決まる．

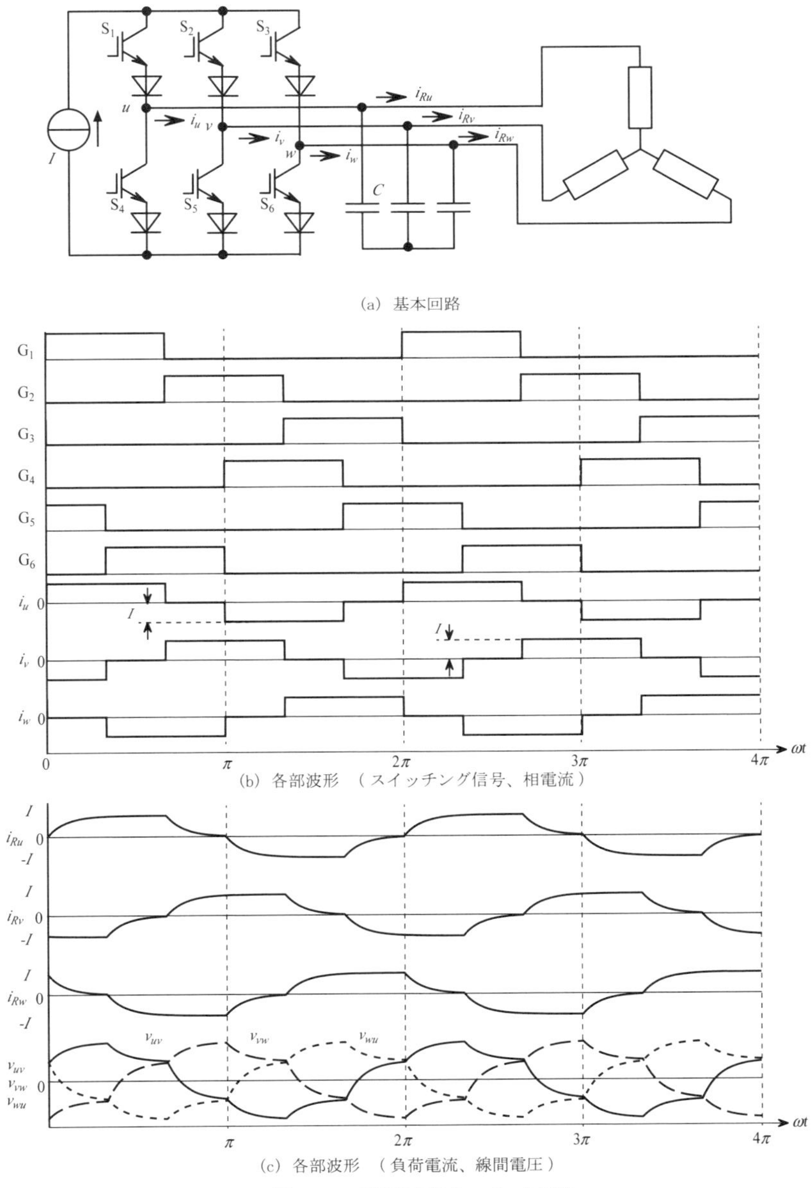

(a) 基本回路

(b) 各部波形 (スイッチング信号、相電流)

(c) 各部波形 (負荷電流、線間電圧)

図 3.15 三相電流形インバータ回路

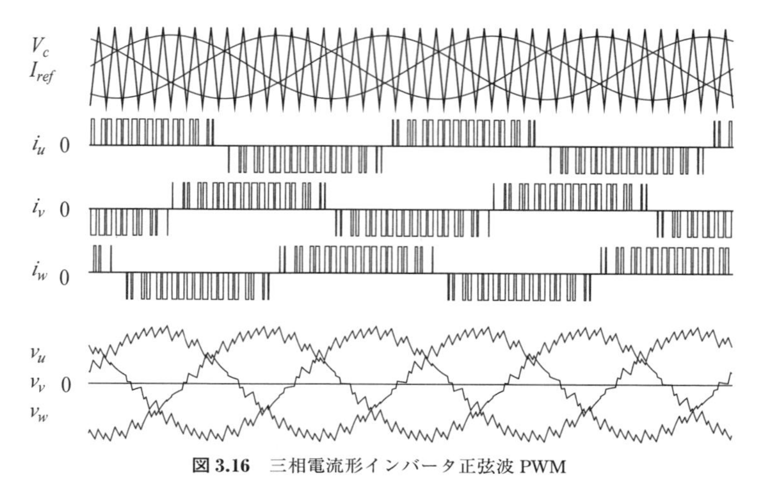

図 3.16　三相電流形インバータ正弦波 PWM

三相電流形インバータに PWM 制御を導入する場合，零電流期間は上下アームを同時にオンして直流側を短絡し交流側と切り離すことで達成される．この場合の具体的なスイッチング信号作成用の搬送波（V_c），電流指令値（I_{ref}）波形，各部電圧電流波形を図 3.16 に示す．

3.5　ひずみ波交流の電力

インバータによる交流波形は一般に高調波を含んでいる．このような波形での電力について考える．

たとえば図 3.1（a）に示す単相電圧形インバータの負荷を抵抗 R のみとしたとき，交流側は電流も振幅 $I_o = E_d/R$ の方形波となるので，このときの電力について考えてみる．

交流側の電圧の実効値 V_{rms} と電流の実効値 I_{rms} は

$$V_{rms} = \sqrt{\frac{1}{\pi}\int_0^{\pi} E_d{}^2 d\theta} = E_d \tag{3.19}$$

$$I_{rms} = \sqrt{\frac{1}{\pi}\int_0^{\pi} I_o{}^2 d\theta} = I_o \tag{3.20}$$

となる．また方形波をフーリエ展開して次式を得る．

$$v = \frac{4E_d}{\pi}\left(\sin\theta + \frac{1}{3}\sin 3\theta + \frac{1}{5}\sin 5\theta + \cdots\right) \tag{3.21}$$

これより基本波の電圧の実効値 V_1 と電流の実効値 I_1 は次のようになる.

$$V_1 = \frac{4E_d}{\pi} \cdot \frac{1}{\sqrt{2}} = 0.900E_d \tag{3.22}$$

$$I_1 = \frac{4I_o}{\pi} \cdot \frac{1}{\sqrt{2}} = 0.900I_o \tag{3.23}$$

したがって, 直流側における電力 P_{dc}, ならびに交流側における有効電力 P_{ac}, 基本波の有効電力 P_1 は, 交流側負荷が抵抗のみで電圧電流に位相差がない場合, 以下のように求められ, 交流側実効値 E_dI_o の積は直流側の電力に等しくなる.

$$P_{dc} = E_dI_o \tag{3.24}$$

$$P_{ac} = V_{rms}I_{rms} = E_dI_o = P_{dc} \tag{3.25}$$

$$P_1 = V_1I_1 = \left(\frac{4E_d}{\pi} \cdot \frac{1}{\sqrt{2}}\right)\left(\frac{4I_o}{\pi} \cdot \frac{1}{\sqrt{2}}\right) = \frac{8}{\pi^2}E_dI_o = 0.810E_dI_o \tag{3.26}$$

よって高調波による電力 P_h は

$$P_h = P_{ac} - P_1 = \left(1 - \frac{8}{\pi^2}\right)E_dI_o = 0.190E_dI_o \tag{3.27}$$

となり, およそ 20% を占めていることがわかる.

次に, 電圧電流に高調波を含む一般的な場合の電力を計算してみる.

$$e = \sum_{n=1}^{\infty} \sqrt{2}E_n \sin n\omega t \tag{3.28}$$

$$i = \sum_{n=1}^{\infty} \sqrt{2}I_n \sin(n\omega t - \phi_n) \tag{3.29}$$

瞬時電力 p は

$$\begin{aligned} p = ei &= \sum_{n=1}^{\infty} 2E_nI_n \sin n\omega t \cdot \sin(n\omega t - \phi_n) \\ &+ \sum_{n=1}^{\infty}\sum_{m=1}^{\infty} 2E_nI_m \sin n\omega t \cdot \sin(m\omega t - \phi_m) \quad (n \neq m) \end{aligned} \tag{3.30}$$

この電力の平均値を求めることになるが, ここで

$$2\sin n\omega t \cdot \sin(m\omega t - \phi_m) = \cos\{(n-m)\omega t + \phi_m\} - \cos\{(n+m)\omega t - \phi_m\} \tag{3.31}$$

となるから, 式 (3.30) の1周期 T にわたる積分は $n \neq m$ のとき, 右辺第2項

は 0 となるので，有効電力 P は第 1 項の積分より求まる．

$$\begin{aligned} P &= \frac{1}{T}\int_0^T p dt = \sum_{n=1}^{\infty} E_n I_n \cos\phi_n \\ &= E_1 I_1 \cos\phi_1 + E_2 I_2 \cos\phi_2 + E_3 I_3 \cos\phi_3 + \cdots \end{aligned} \quad (3.32)$$

以上より周波数の等しい電圧と電流においてのみ有効電力が計算され，各次数での電力の和として求められる．

【例題 3.3】 図 3.17 のような正弦波の交流電圧と方形波の電流が流れている場合の電力はどのように考えればよいか．

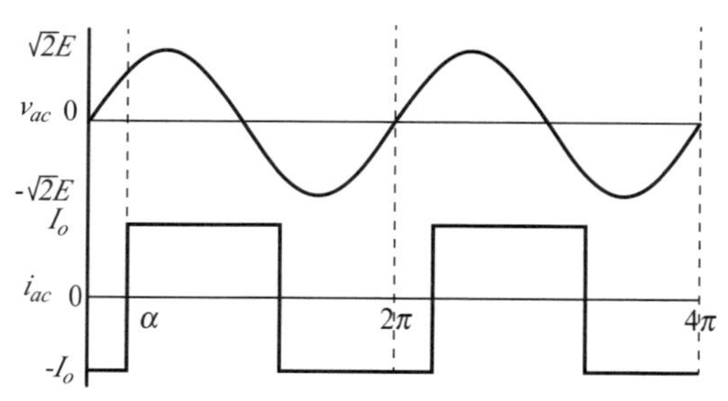

図 3.17　正弦波電圧と方形波電流

【解答】 式（3.32）は，電圧または電流のどちらかが正弦波のときには，高調波による平均電力は 0 となり基本波の電力のみが残ることを示している．本例題の場合，電流は方形波であるため高調波を含んでいるが，電圧は正弦波であるから平均電力には現れない．ここで方形波電流をフーリエ展開した式を求めると

$$i_{ac} = \frac{4I_o}{\pi}\left(\sin(\theta-\alpha) + \frac{1}{3}\sin 3(\theta-\alpha) + \frac{1}{5}\sin 5(\theta-\alpha) + \cdots\right) \quad (3.33)$$

となる．式（3.33）の基本波成分は以下となる．

$$i_1 = \frac{4I_o}{\pi}\sin(\theta-\alpha) \quad (3.34)$$

また交流電圧は正弦波であるので以下で表すことができる．

$$e_1 = \sqrt{2}E\sin\theta \quad (3.35)$$

これらより交流側の電力 P_{ac} を求めると式（3.32）に，$I_1 = 2\sqrt{2}I_o/\pi$，$E_1 = E$，$\phi_1 = \alpha$ を代入して

$$P_{ac} = P_{ac1} = E_1 I_1 \cos\phi_1 = \frac{2\sqrt{2}}{\pi} EI \cos\alpha \quad (3.36)$$

が得られる．

演習問題

3.1　図3.1の単相インバータにおいて E_d=100 V，R=10 Ω，L=10 mH，f=50 Hz で動作しているとき，時定数 $\tau=L/R$ ならびに定常状態での電流の初期値 I_0 の値を求めよ．

3.2　同様に図3.1の単相インバータにおいて L=100 mH とし，その他は問題3.1と同じ条件とした場合の，時定数 $\tau=L/R$ ならびに定常状態での電流の初期値 I_0 の値を求めよ．

3.3　5 Hz から 50 Hz まで変化させる単相インバータを正弦波 PWM の波形として形成したい．三角波の搬送波として 1 kHz を使用すると，半周期におけるパルス数はどのようになるか．

3.4　図3.7の多重化方式で高調波を抑制する場合，ϕ によって高調波の大きさが変わることを図を描いて確認せよ．

3.5　図3.12の三相電圧形インバータに図3.18（a）のようなスイッチング信号を与えたときの相電圧波形 v_u を求めよ．ただし抵抗負荷とする．

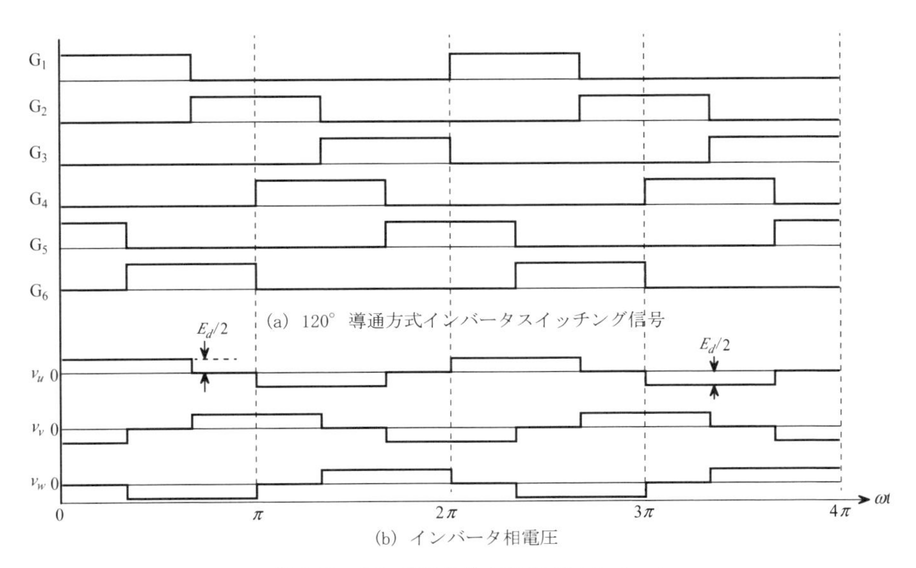

図3.18　120°　導通方式三相電圧形インバータ

3.6 単相インバータの方形波電圧の波高値が 100 V のとき，負荷を 10 Ω の抵抗として，交流側の実効電圧 V_{rms}，実効電流 I_{rms}，基本波実効電圧 V_1，基本波有効電力 P_1，高調波電力 P_h，ならびに直流側入力 P_{dc} を求めよ．

解　答

3.1 時定数は，$L/R=10^{-3}$ s=1 ms となる．f=50 Hz であるので，半周期は 10 ms となり過渡応答は終了していると考えられるため，電流 I_0 は I_0=100/10=10 A となる．

3.2 時定数は，$L/R=10^{-2}$ s=10 ms となり半周期後においても過渡応答が終了していないため，式 (3.4) で $i_{ac}=-I_0$ とおいて I_0 について解くと

$$-I_0=-\frac{E_d}{R}(1-\varepsilon^{-\frac{R}{L}t})+I_0\varepsilon^{-\frac{R}{L}t}$$

より

$$I_0=\frac{E_d}{R}\frac{(1-\varepsilon^{-\frac{R}{L}t})}{(1+\varepsilon^{-\frac{R}{L}t})}=10\frac{(1-\varepsilon^{-\frac{10}{0.1}0.01})}{(1+\varepsilon^{-\frac{10}{0.1}0.01})}\approx 4.62 \text{ A}$$

となる．

3.3 5 Hz の正弦波 1 周期に 1 kHz の搬送波の三角波は 200 個あるので，半周期には 100 個あることになる．図 3.5 のような PWM 形成を行うと 100−1 個のパルスが得られる．同様に 50 Hz のときには 10−1 個のパルスとなるので，5 Hz から 50 Hz までの変化に対して 99 個から 9 個のパルス数変化となる．

3.4 各高調波成分の波高値 (E_n/E) を ϕ に対して図示すると，図 3.19 となる．

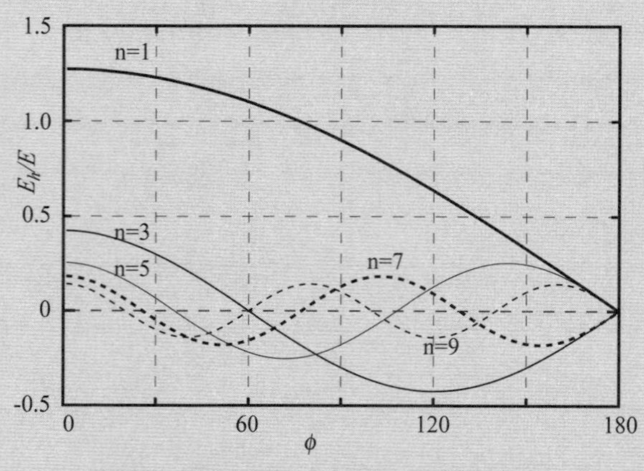

図 3.19 変圧器を用いた多重化方式高調波成分

3.5 図3.18（b）に示す．これは120°導通方式のパターンであり，180°導通形と違い上アームと下アームの中でそれぞれ1組が導通するため，抵抗負荷の場合には相電圧は$E_d/2$ステップで変化することに注意する必要がある．負荷に直列にLが挿入されると転流の期間は3つのスイッチがオン状態となるため相電圧の大きさは$E_d/3$の倍数となる．

3.6

$$V_{rms}=V_{dc}=100\ \mathrm{V}$$

$$I_{rms}=100/10=10\ \mathrm{A}$$

$$V_1=\frac{4E}{\pi}\cdot\frac{1}{\sqrt{2}}=0.900E=90\ \mathrm{V}$$

$$P_1=V_1\cdot I_1=\left(\frac{4E}{\pi}\cdot\frac{1}{\sqrt{2}}\right)\left(\frac{4I}{\pi}\cdot\frac{1}{\sqrt{2}}\right)=90\times9=810\ \mathrm{W}$$

$$P_h=P_{ac}-P_1=100\times10-810=190\ \mathrm{W}$$

$$P_{dc}=EI=V_{rms}\cdot I_{rms}=100\times10=1000\ \mathrm{W}$$

Tea Time

電圧形インバータの帰還ダイオード

電圧形インバータには，帰還ダイオードが不可欠である．このダイオードがあって初めて，どのような負荷においても安定して動作できる．この帰還ダイオードを考案したのは，アメリカのGE社の研究所に勤務していたマクマレー（W. McMurray）である．この発明によってマクマレーの名前は歴史に残ることになった．当時マクマレーは入社5年目の若き研究員であった．

4 AC–DC 変換装置

第 2 章で述べた DC–DC 変換装置も，第 3 章で述べた DC–AC 変換装置も直流電源を必要とするため，交流を直流に変換する AC–DC 変換装置が不可欠である．本章でははじめに最も広く用いられているダイオードを用いた整流回路について説明する．次に，ダイオードの代わりにオン可制御デバイスであるサイリスタを用いたサイリスタ整流回路について説明する．サイリスタ整流回路は，AC–DC 変換可能で，かつ，サイリスタをオンするタイミングを制御することで直流電圧を制御することができる．これを位相制御と呼んでいる．大容量の直流電源を必要とするめっき工場などで利用されている．

ダイオード整流回路やサイリスタ整流回路は，AC–DC 変換時に交流側の電源電流がひずむことが多く，電力系統上に接続される力率改善コンデンサの焼損を引き起こすことや変圧器のうなり，通信障害などの問題となる．このため，電流波形のひずみをできるだけ低く抑えることが要求され，IEC（International Electrotechnical Commission）で様々な規格が定められている．そこで本章の最後に，整流回路や位相制御回路に代わって採用され始めた PWM 整流器について概説する．

4.1 整 流 回 路

4.1.1 単相全波整流回路

図 4.1 に示すダイオードブリッジ回路は**単相全波整流回路**（single–phase full–wave rectifier）と呼ばれ，単相回路の AC–DC 変換装置として最も広く用いられている．電源電圧が正の期間は図 4.2（a）のようにダイオード D_1 および D_4 が導通する．また，電源電

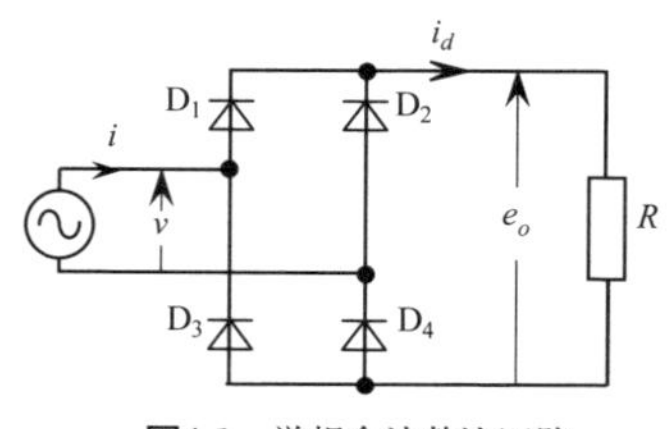

図4.1 単相全波整流回路

圧が負の期間は図4.2（b）のようにダイオードD_2およびD_3が導通する．これにより，負荷抵抗Rに印加される電圧は直流となる．この回路において，図4.2（c）に示すように電源電流iは正弦波となる．

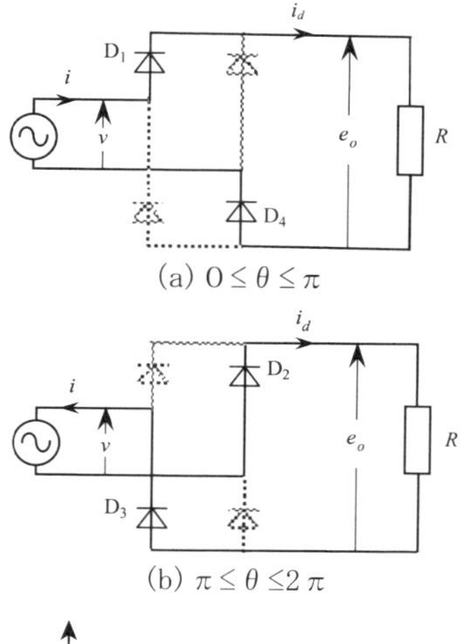

(a) $0 \leq \theta \leq \pi$

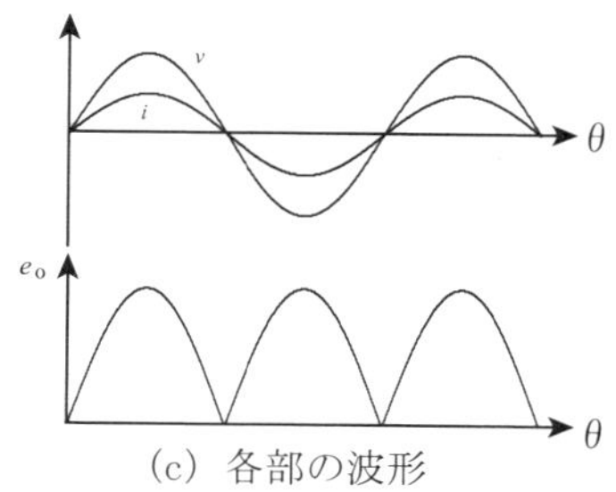

(b) $\pi \leq \theta \leq 2\pi$

(c) 各部の波形

図4.2 回路動作

電源電圧は正弦波とし，次式で書けるとする．

$$v = \sqrt{2} V \sin \theta, \quad \theta = \omega t \tag{4.1}$$

このとき，直流電圧e_oの平均値E_oは次式で求められる．

$$E_o = \frac{1}{2\pi} \int_0^{2\pi} e_o d\theta = \frac{\sqrt{2} V}{\pi} \int_0^{\pi} \sin \theta d\theta$$
$$= \frac{2\sqrt{2}}{\pi} V \cong 0.9V \tag{4.2}$$

直流電源を必要とする装置は多くの場合，直流電圧や電流にできるだけ脈動がないのが望ましい．脈動を低減できる回路構成として，チョークインプット整流回路とコンデンサインプット整流回路について以下で述べる．

（1） チョークインプット整流回路

図4.3に示すように整流回路出力側にリアクトルを接続した整流回路を**チョークインプット整流回路**（full-wave rectifier with inductor input filter）という．電源電圧が正となる$0 \leq \theta \leq \pi$期間においては，ダイオードD_1，D_4が導通し，回路の微分方程式を立

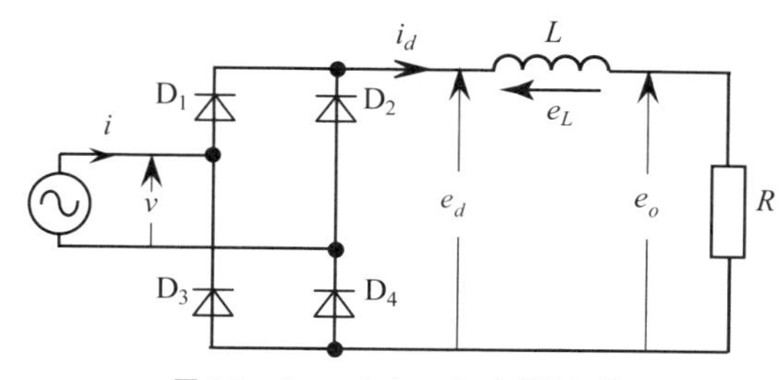

図4.3 チョークインプット整流回路

てると次のようになる.

$$v = L\frac{di_d}{dt} + Ri_d \tag{4.3}$$

$\pi \leq \theta \leq 2\pi$ 期間では電源電圧は負となり，ダイオード D_2，D_3 が導通するが，整流後の電圧波形は $0 \leq \theta \leq \pi$ 期間と同様である.

式（4.3）の解は，定常項 i_{ds} と過渡項 i_{dt} の和で与えられ，次式で書ける.

$$i_d = i_{ds} + i_{dt} \tag{4.4}$$

ただし，

$$i_{ds} = \frac{\sqrt{2}V}{\sqrt{R^2 + (\omega L)^2}}\sin(\theta - \varphi),\quad \tan\varphi = \frac{\omega L}{R},\quad i_{dt} = A\varepsilon^{-\frac{R}{L}t}$$

とする．上式を

$$i_d(0) = i_d(\pi)$$

の境界条件のもとに解けば，未知数 A は次のように求まる.

$$A = \frac{\sqrt{2}V}{\sqrt{R^2 + (\omega L)^2}}\frac{2}{1 - \varepsilon^{-\frac{R}{\omega L}\pi}}\sin\varphi$$

したがって，次式が得られる.

$$i_d = \frac{\sqrt{2}V}{\sqrt{R^2 + (\omega L)^2}} \times \left\{\sin(\theta - \varphi) + \frac{2}{1 - \varepsilon^{-\frac{R}{\omega L}\pi}}\sin\varphi \times \varepsilon^{-\frac{R}{L}t}\right\} \tag{4.5}$$

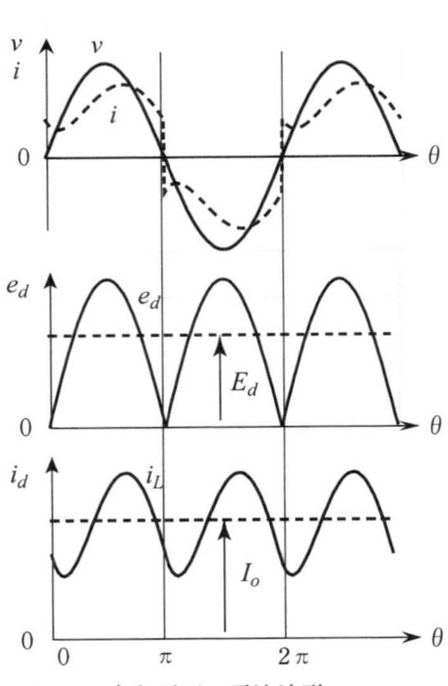

図 4.4　各部電圧・電流波形（チョークインプット整流回路）

式（4.5）より求めた電流波形を整流電圧 e_d，交流電圧 v および交流電流 i の波形と合わせて図 4.4 に示す．整流電圧は，リアクトル L に加わる電圧 e_L と負荷抵抗 R に加わる直流出力電圧 e_o の和に等しい．それらの平均値にも同様の関係が成り立つので

$$E_d = E_L + E_o \tag{4.6}$$

ここで整流電圧の平均値 E_d を求めると次のようになる．

$$E_d = \frac{1}{\pi}\int_0^{\pi}\sqrt{2}V\sin\theta d\theta = \frac{2\sqrt{2}}{\pi}V \cong 0.9V \tag{4.7}$$

また定常状態の条件から，リアクトルに加わる電圧の平均値 E_L は次式に示すように 0 となる．

$$E_L = \frac{1}{\pi}\int_0^{\pi}\left(L\frac{di_d}{dt}\right)d\theta = \frac{\omega}{\pi}L\{i_d(\pi) - i_d(0)\} = 0$$

したがって抵抗に加わる電圧（直流出力電圧）の平均値 E_o および抵抗を流れる電流（直流出力電流）の平均値 I_d は次式より求まる．

$$E_o = RI_d = E_d = \frac{2\sqrt{2}}{\pi}V \tag{4.8}$$

すなわち抵抗を流れる電流の平均値はインダクタンスの値には無関係である．このように直流出力には関係せず，電流の脈動を抑えるような働きをするリアクトルを**平滑リアクトル**（smoothing reactor）と呼んでいる．

(2) コンデンサインプット整流回路

直流電圧のリプル分を取り除くために，図 4.5 のように負荷抵抗に並列に平滑コンデンサ C を接続した回路が用いられる．この回路は**コンデンサインプット整流回路**（full-wave rectifier with capacitor input filter）と呼ばれる．電源電圧 v が直流電圧 e_o より高くなる期間だけダイオード D_1，D_4 あるいは D_2，D_3 が導通する．図 4.6 に示すように直流電圧は平滑されるが，電源電流には急峻な電流（突入電流）が流れる．電源電流は非正弦波であるため多くの高調波を含むだけでなく，低力率である．一般的には交流電圧源側には変圧器の漏

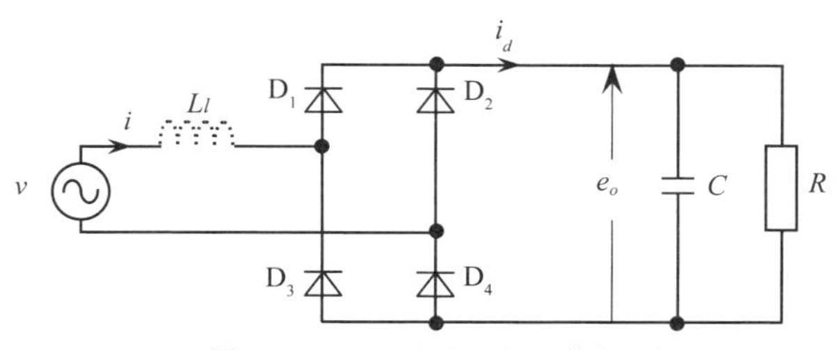

図4.5 コンデンサインプット整流回路

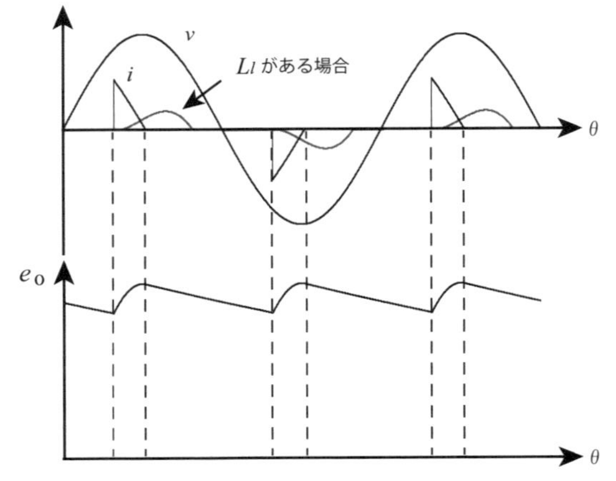

図4.6　コンデンサインプット整流回路の各部波形

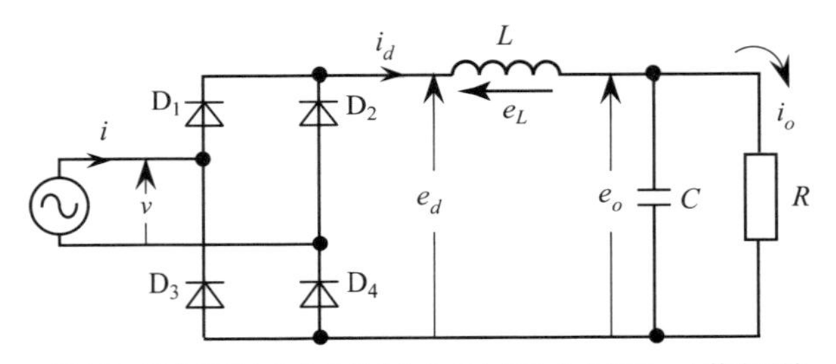

図 4.7　平滑リアクトルを挿入したコンデンサインプット整流回路

れリアクタンス L_l などのインダクタンスを有するため，図 4.6 のように電流波形がややなだらかとなる．

突入電流を低減するために図 4.7 に示すような平滑リアクトルを挿入したコンデンサインプット整流回路（この回路をチョークインプット整流回路と呼ぶ場合もある）が広く用いられている．いま，十分大きなコンデンサ C が接続されコンデンサ電圧 e_o の変動は無視でき，リアクトル L に連続して電流が流れていると仮定し，この回路の特性を計算する．なお，簡単のため回路の抵抗は無視して計算を行う．

$0 \leq \theta \leq \pi$ 期間において次式が成り立つ．

$$v = L\frac{di_d}{dt} + E_C \tag{4.9}$$

ここで v は電源電圧であり式（4.1）と同じとする．式（4.7）を

$$i_d(0)=i_d(\pi)$$

の定常条件のもとで解くと，コンデンサ電圧 E_C が次のように求まる．

$$E_C=\frac{2\sqrt{2}}{\pi}V$$

電流解は次式のように書ける．

$$i_d=\frac{\sqrt{2}V}{\omega L}(1-\cos\theta)-\frac{2}{L}\frac{\sqrt{2}}{\pi}Vt+i_d(0) \qquad (4.10)$$

ここで $i_d(0)$ は電流の初期値である．

前述のように，リアクトルに加わる電圧の平均値 E_L は定常状態では 0 であるからコンデンサ電圧 E_C（すなわち負荷抵抗に加わる直流出力電圧 E_o）は整流電圧の平均値 E_d に等しく，次の関係が成り立っている．

$$E_C=E_o=RI_d=E_d=\frac{2\sqrt{2}}{\pi}V \qquad (4.11)$$

なお，負荷を流れる電流 I_o は，リアクトルを流れる電流の平均値（直流分）に等しいから，

$$I_o=I_d=\frac{1}{\pi}\int_0^{\pi} i_d\theta=i_d(0)$$

これよりリアクトルを流れる電流 i_d は次のようになる．

$$i_d=\frac{\sqrt{2}V}{\omega L}(1-\cos\theta)-\frac{2}{L}\frac{\sqrt{2}}{\pi}Vt+I_o \qquad (4.12)$$

図 4.8 に各部波形を，図 4.9 に負荷電流 I_o を変化させたときの出力電圧特性を示す．リアクトル L に連続な電流が流れている限り直流出力電圧 E_o すなわちコンデンサ電圧 E_C は変化しない（実際の整流回路では，回路の抵抗やコンデンサ電圧の変動など，今回無視した要素の影響により，図の点線のように負荷電流とともに減少する）．

負荷電流が小さくなると，リアクトルを流れる電流は断続するようになり，図に示す不連続領域が現れる．断続が始まる負荷電流の値はリアクトルを流れる電流の最小値が 0 となる条件より求まる．

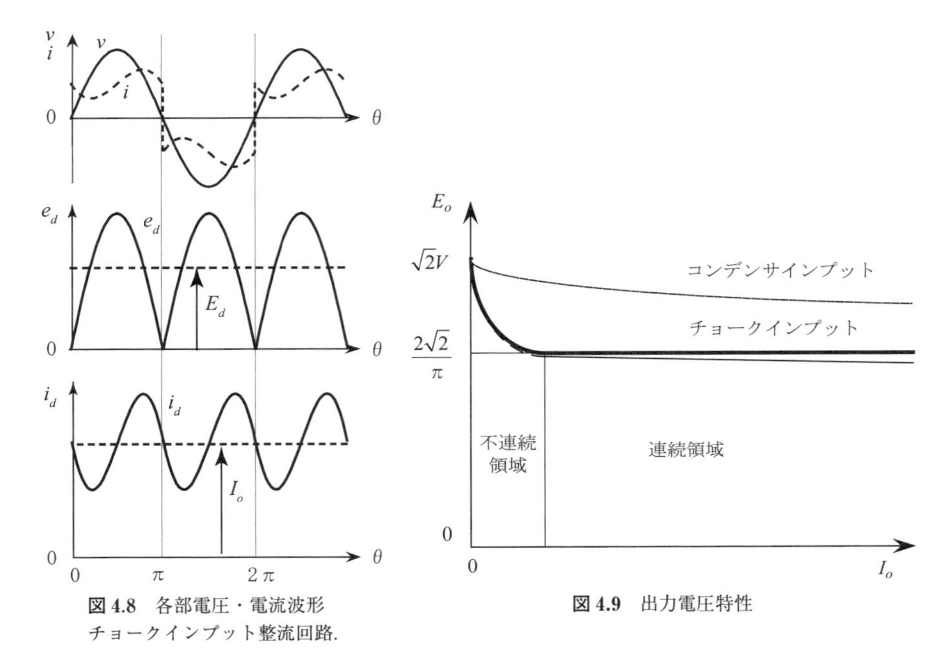

図 4.8　各部電圧・電流波形
チョークインプット整流回路.

図 4.9　出力電圧特性

【例題 4.1】　図 4.7 において，リアクトルを流れる電流が最小値となる電気角度ならびに電流の断続が発生し始める負荷電流の値を求めよ．

【解答】　リアクトルを流れる電流が最小になるのは

$$\frac{di_d}{dt}=0$$

であり，式（4.9）において電源電圧 v とコンデンサ電圧 E_C が等しくなる時間である．したがって式（4.11）より次式が成り立つ．

$$\sqrt{2}V\sin\theta=\frac{2\sqrt{2}}{\pi}V$$

このときの角度 θ は

$$\sin^{-1}\left(\frac{2}{\pi}\right)=39.5^\circ$$

より求まる．これを式（4.12）に代入し $i_L=0$ の条件より，断続が始まる負荷電流 I_o の値は次式で与えられる．

$$I_o\cong 0.21\frac{\sqrt{2}}{\omega L}V \tag{4.13}$$

電流が不連続となる領域での計算はここでは省略するが，負荷電圧の値は，図4.9に示すように，電源電圧のピーク電圧 $\sqrt{2}V$ と連続電流時の電圧 E_C との中間の電圧となる．

4.1.2 三相全波整流回路

動力用電源には通常，三相交流が用いられる．図4.10に示す**三相全波整流回路**（three–phase full–wave rectifier）は比較的容量の大きな直流電源として広く用いられている．

複数のダイオードのカソードが共通な母線に接続されている場合，アノード電圧が一番高いダイオードが導通する．一方，アノードが共通な場合，カソード電圧が一番低いダイオードが導通する．これらを考慮して各部の電圧，電流波形を求めると図4.11に示すようになる．なお簡単のため，平滑リアクトルのインダクタンスが比較的大きく，リアクトルを流れる電流の脈動は無視できるほど小さいとしている．三相全波整流回路の脈動周波数は，電源周波数 f の6倍となるため，必要なインダクタンスの値は単相回路に比べて小さくなる．

前出のように，定常状態において平滑リアクトルに加わる電圧の平均値は0となるので，平均直流出力電圧 E_o は整流電圧の平均値 E_d に等しく，次式で表される．

$$E_o = E_d = \frac{3}{\pi}\int_{-\pi/6}^{\pi/6} v_{wv} d\theta = \frac{3}{\pi}\int_{-\pi/6}^{\pi/6} \sqrt{2}V\cos\theta d\theta = \frac{3\sqrt{2}}{\pi}V \cong 1.35V \tag{4.14}$$

ただし V は三相線間電圧の実効値である．

図4.11の細い線で示すように交流電流の位相は交流電圧と等しく，基本波力率は1であるが，交流電流に含まれる高調波成分のため，有効電力と皮相電

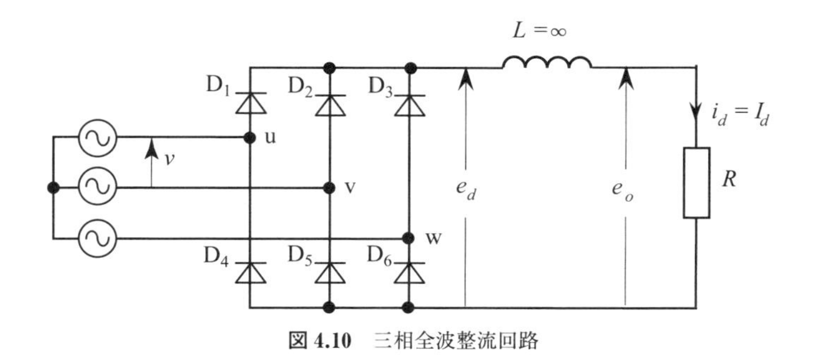

図 4.10　三相全波整流回路

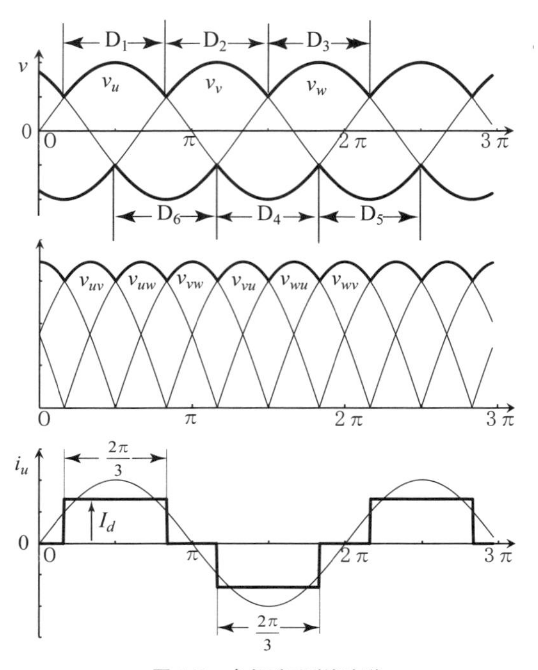

図 4.11　各部電圧電流波形

力の比で定義される皮相力率は以下のようになる.

$$\cos\phi = \frac{E_o I_d}{\sqrt{3}VI} = \frac{\dfrac{3\sqrt{2}}{\pi}VI_d}{\sqrt{3}V\sqrt{\dfrac{2}{3}}I_d} = \frac{3}{\pi} \cong 0.955 \tag{4.15}$$

4.2 位相制御回路

4.2.1 単相全波位相制御回路

整流回路のダイオードをサイリスタに置き換え，サイリスタが導通するタイミング α（**点弧角**あるいは**点弧遅れ角**と呼ぶ）を制御することによって，直流出力電圧を制御することができる．これを**位相制御**（phase angle control），このような回路を**位相制御回路**（phase angle control circuit）と呼ぶ．

図 4.12 に**単相全波位相制御回路**（single–phase full–wave phase angle control circuit）を示す．いま，電源電圧の極性は図に示す通りとし，サイリスタ T_2，T_3 に電流が流れている場合を考える．点弧角 α でサイリスタ T_1，T_4 にゲート信号を加え導通させると，サイリスタ T_2，T_3 には逆電圧が加わりターンオフする．電流 i_d はサイリスタ T_1，T_4 を通って流れ，この状態は次にサイリスタ T_2，T_3 にゲート信号が加わるまで続く．平滑リアクトルのインダクタンス L が十分大きく，電流 i_d の脈動は無視できるものとすると，定常状態における各部波形は図 4.13 のようになる．これより直流出力電圧 E_o，整流電圧の平均

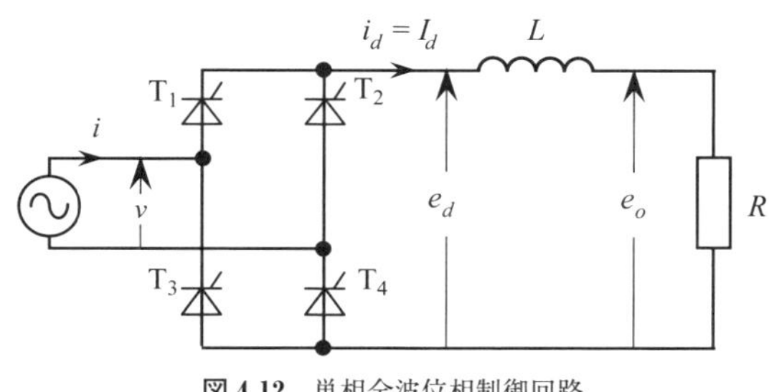

図 4.12　単相全波位相制御回路

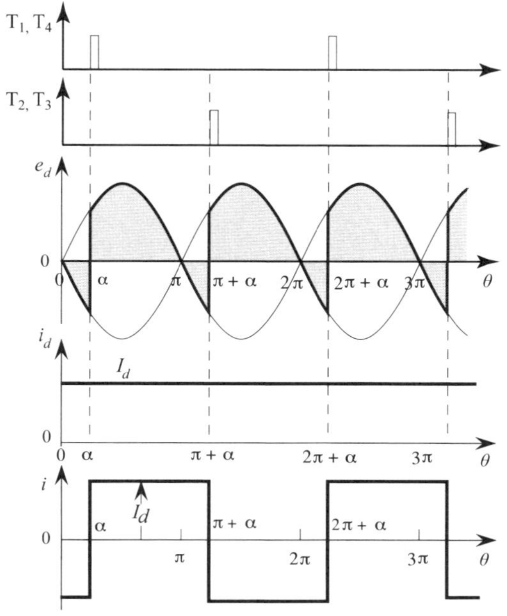

図4.13　各部電圧電流波形

値 E_d，直流出力電流 I_d，交流電流の実効値 I および回路の皮相力率 $\cos\phi$ はそれぞれ次式のように書ける．

$$\left.\begin{aligned} E_o &= E_d = \frac{1}{\pi}\int_{\alpha}^{\pi+\alpha}\sqrt{2}V\sin\theta d\theta = \frac{2\sqrt{2}}{\pi}V\cos\alpha \\ I_d &= \frac{E_o}{R} \\ I &= \sqrt{\frac{1}{2\pi}\int_{\alpha}^{2\pi+\alpha} i^2 d\theta} = \sqrt{\frac{1}{2\pi}\int_{\alpha}^{2\pi+\alpha} I_d^2 d\theta} = I_d \\ \cos\phi &= \frac{E_d I_d}{VI} = \frac{2\sqrt{2}}{\pi}\cos\alpha \end{aligned}\right\} \quad (4.16)$$

【例題 4.2】 単相全波整流回路の 2 個のダイオードをサイリスタに置き換えた図 4.14 の回路を**単相混合ブリッジ回路**（single-phase hybrid bridge circuit）と呼んでいる．この回路の負荷として R=8.4 Ω の抵抗が接続されている．平滑用リアクトルのインダクタンス L が十分大きく電流の脈動が無視できるとして，以下の値を求めよ．ただし電源電圧の実効値 V=100 V，点弧角 α=30° とする．

（1）直流出力電圧の平均値 E_o，（2）直流出力電流の平均値 I_d，（3）サイリスタ電流の平均値 I_T，（4）ダイオード電流の平均値 I_D，（5）交流電流の実効値 I．

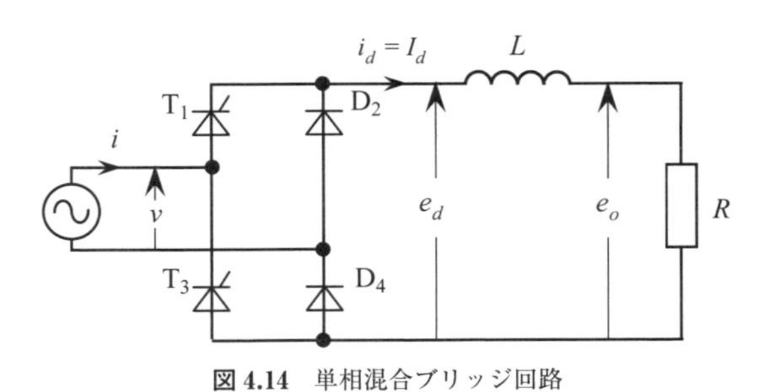

図 4.14　単相混合ブリッジ回路

【解答】 図 4.15 に動作波形を示す．サイリスタと異なりダイオードは順方向電圧が加わると自動的に導通するので電流 I_d が D_2，D_4 を通って流れるモードが発生する．この動作モードを還流モードと呼んでいる．図より

（1）$E_o = E_d = \dfrac{1}{\pi}\displaystyle\int_{\alpha}^{\pi}\sqrt{2}V\sin\theta d\theta = \dfrac{\sqrt{2}}{\pi}V(1+\cos\alpha) = 84.0$ [V]

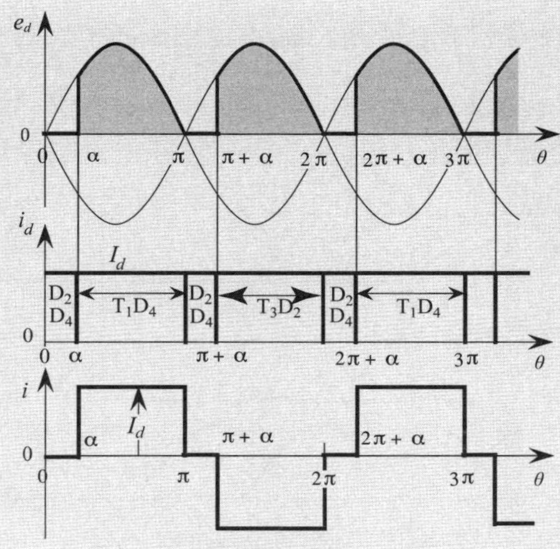

図 4.15　各部電圧電流波形

(2)　$I_d = \dfrac{E_d}{R} = 10.0$ [A]

(3)　$I_T = \dfrac{1}{2\pi}\displaystyle\int_{\alpha}^{\pi} i_d d\theta = \dfrac{1}{2\pi}(\pi - \alpha) I_d = 4.17$ [A]

(4)　$I_D = \dfrac{1}{2\pi}\displaystyle\int_{0}^{\pi+\alpha} i_d d\theta = \dfrac{1}{2\pi}(\pi + \alpha) I_d = 5.83$ [A]

(5)　$I = \sqrt{\dfrac{1}{\pi}\displaystyle\int_{\alpha}^{\pi} i^2 d\theta} = \sqrt{\dfrac{1}{\pi}\displaystyle\int_{\alpha}^{\pi} I_d^2 d\theta} = I_d\sqrt{1 - \dfrac{\alpha}{\pi}} = 9.13$ [A]

4.2.2　三相全波位相制御回路

図 4.16 に，**三相全波位相制御回路**（three-phase full-wave phase-angle control circuit）を示す．この回路は別名**グレッツ結線**と呼ばれ，広く用いられている．図 4.17 に各部電圧電流波形を示す．ただし平滑リアクトルを流れる電流 I_d は脈動しないとしている．

サイリスタの点弧遅れ角を α とすると，直流出力電圧の平均値 E_o は次のように書ける．

$$E_o = E_d = \frac{3}{\pi}\int_{-\pi/6+\alpha}^{\pi/6+\alpha} v_{wv} d\theta = \frac{3}{\pi}\int_{-\pi/6+\alpha}^{\pi/6+\alpha} \sqrt{2} V \cos\theta d\theta = \frac{3\sqrt{2}}{\pi} V \cos\alpha \qquad (4.17)$$

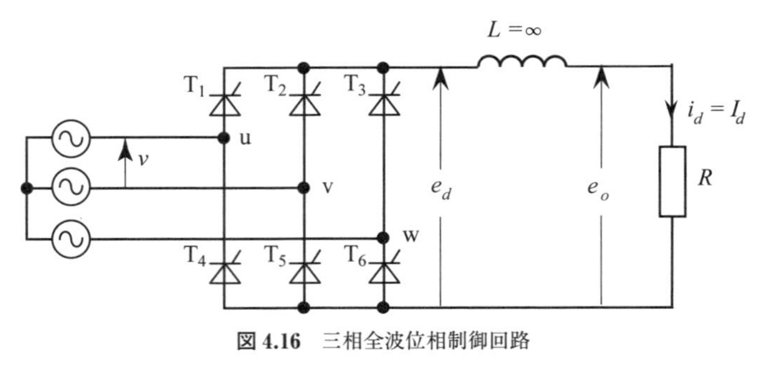

図 4.16　三相全波位相制御回路

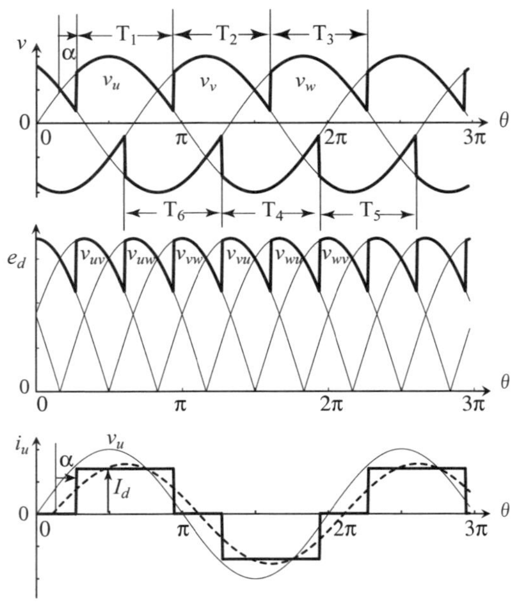

図 4.17　各部電圧電流波形

また，負荷に出力される電力 P は次式で与えられる．

$$P = E_o I_d, \quad \text{ただし} \quad I_d > 0 \tag{4.18}$$

図 4.18 に出力電圧の平均値 E_o と点弧遅れ角 α との関係を示す．三相全波位相制御回路が交流電力を直流電力に変換（整流器動作）し，負荷に直流電力を供給するためには $E_o \geq 0$ であることが必要であり，整流器動作の範囲は $0 \leq \alpha \leq \pi/2$ である．

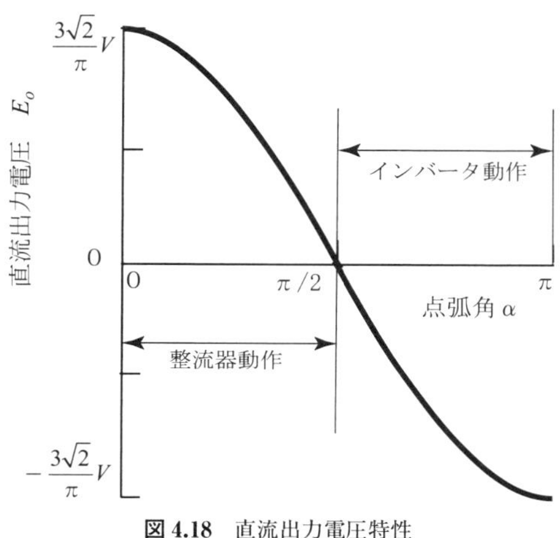

図 4.18 直流出力電圧特性

$\pi/2 \leq \alpha \leq \pi$ の範囲では，直流電力が交流電力に変換される，いわゆるインバータ動作になる．インバータ動作を継続して行わせるためには，直流出力電圧を打ち消し，さらに正方向に直流電流を流しつづける直流電源が必要となる．このような原理で動作するインバータのことを**他励インバータ**（external commutated inverter）と呼んでいる．位相制御を行うと基本波電流の位相は点弧遅れ角 α だけ遅れ，皮相力率も悪化する．

【例題 4.3】 図 4.16 に示す三相全波位相制御回路を点弧遅れ角 α で制御した場合の基本波力率および皮相力率を求めよ．ただし平滑リアクトルを流れる電流は一定とする．

【解答】 平滑リアクトルを流れる電流の大きさを I_d とすると，交流電流の実効値 I は次式で求められる．

$$I=\sqrt{\frac{1}{\pi}\int_0^{2\pi/3} i_d^2 d\theta}=\sqrt{\frac{2}{3}}\,I_d \tag{4.19}$$

交流電流をフーリエ展開すると

$$i=\frac{2\sqrt{3}}{\pi}I_d\left(\sin\theta-\frac{1}{5}\sin 5\theta-\frac{1}{7}\sin 7\theta+\frac{1}{11}\sin 11\theta+\cdots\right) \tag{4.20}$$

その基本波成分の実効値 I_1 は次式で与えられる．

$$I_1=\frac{\sqrt{6}}{\pi}I_d \tag{4.21}$$

したがって，皮相力率 $\cos\phi$ ならびに基本波力率 $\cos\phi_1$ は次のようになる．

$$\cos\phi=\frac{E_oI_d}{\sqrt{3}VI}=\frac{\frac{3\sqrt{2}}{\pi}V\cos\alpha\times I_d}{\sqrt{3}V\sqrt{\frac{2}{3}}I_d}=\frac{3}{\pi}\cos\alpha\cong 0.955\cos\alpha$$

$$\cos\phi_1=\frac{E_oI_d}{\sqrt{3}VI_1}=\frac{\frac{3\sqrt{2}}{\pi}V\cos\alpha\times I_d}{\sqrt{3}V\frac{\sqrt{6}}{\pi}I_d}=\cos\alpha \qquad (4.22)$$

4.2.3　交流電源と変換器動作

三相全波位相制御回路では，直流出力電圧の平均値を E_o，直流出力電流の平均値を I_d とすると

① $0\leq\alpha\leq\pi/2$ の範囲で $E_o\geq 0$，$I_d>0$ となり整流器動作（$P>0$）

② $\pi/2\leq\alpha\leq\pi$ の範囲で $E_o\leq 0$，$I_d>0$ となりインバータ動作（$P<0$）

となることを示した．ところで，点弧遅れ角 α が π 以上の範囲ではどのようになるか検討する．

図 4.19 に交流側の u 相電圧 v_u と u 相電流 i_u，整流電圧 e_d および直流出力電流 I_d の関係を異なる α に対して示す．ただし負荷として定電流源が接続されており直流出力電流は脈動しないとしている．図より $\alpha>\pi$ の範囲に対して次の関係が得られる．

③ $\pi\leq\alpha\leq 3\pi/2$ の範囲で $E_o\leq 0$，$I_d<0$ となり整流器動作（$P>0$）

④ $3\pi/2\leq\alpha\leq 2\pi$ の範囲で $E_o\geq 0$，$I_d<0$ となりインバータ動作（$P<0$）

すなわち $\alpha>\pi$ の範囲では $I_d<0$ となるため，図 4.16 に示す三相全波位相制御回路のサイリスタの導通方向を逆にすることが必要である．また①～④のすべての領域で動作させる（これを **4 象限運転**という）ためには，図 4.20（p. 96）に示すように 2 台の三相全波位相制御回路を逆並列に接続した**逆並列接続順逆変換装置**（anti–parallel connected converter）が必要となる．

4.2.4　重なり角

図 4.21（p. 96）に示すように，三相全波位相制御回路の交流電源に直列にリアクトルが接続されている場合を考えてみよう．実際の回路においても変圧器の漏れインダクタンスや電線の自己インダクタンスのために，若干のインダ

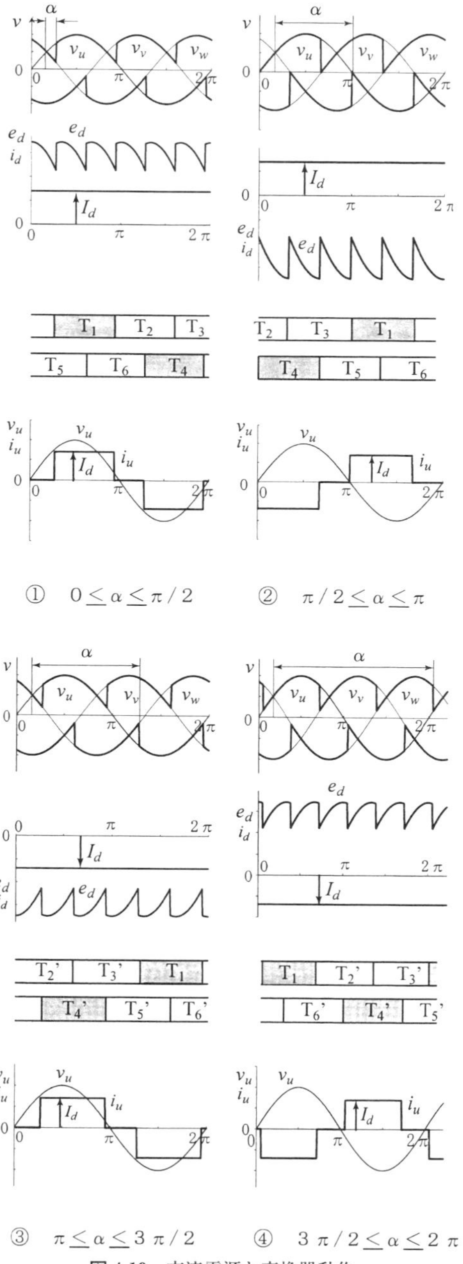

図 4.19 交流電源と変換器動作

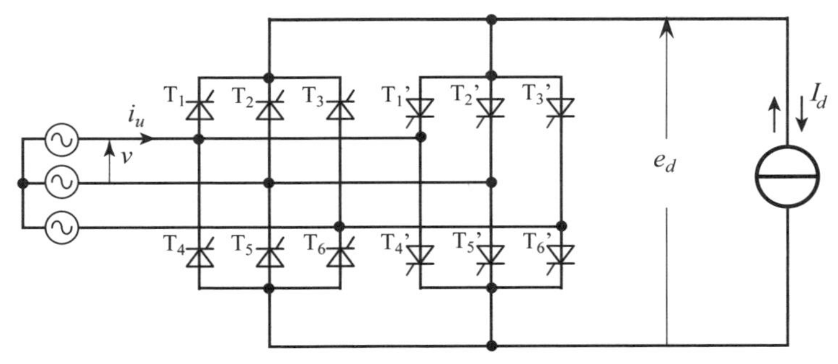

図 4.20　逆並列接続三相順逆変換装置

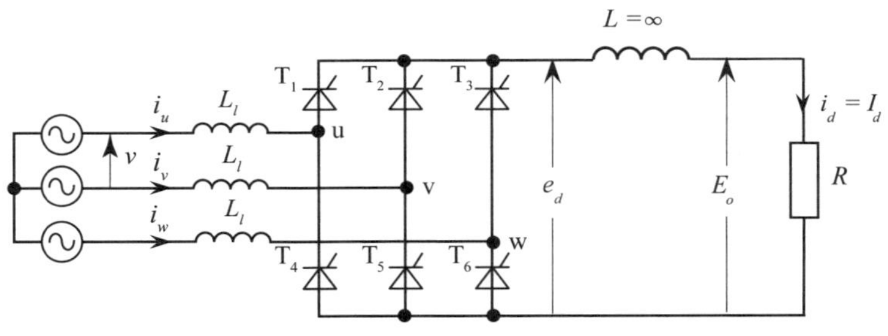

図 4.21　漏れインダクタンスの影響

クタンスがあるのが普通である．

簡単のため，平滑リアクトルが十分大きく直流出力電流は一定とみなしうると仮定する．また，点弧遅れ角を α とし，u 相のサイリスタ T_1 から v 相の T_2 への転流を考える．u 相ならびに v 相に関して次の式が成り立つ．

$$v_u - L_l\frac{di_u}{dt} = v_v - L_l\frac{di_v}{dt} = e_+ \tag{4.23}$$

いま，図 4.22 の $5/6\pi+\alpha$ の時点を時間軸の原点（$t=0$）とすると，次の条件式が成り立つ．

$$v_{v-u} = v_v - v_u = \sqrt{2}V\sin(\omega t+\alpha)$$

$$i_u + i_v = I_d$$

$$i_u(0) = I_d$$

$$i_v(0) = 0$$

これらの条件式のもとに式（4.21）を解けば，次式を得る．

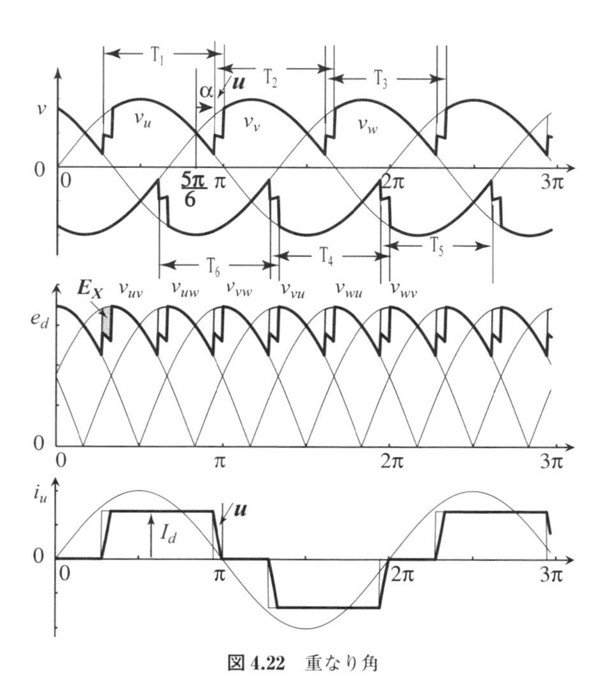

図 4.22 重なり角

$$i_v = \frac{V}{\sqrt{2}\omega L_l}\{\cos\alpha - \cos(\omega t + \alpha)\} \tag{4.24}$$
$$i_u = I_d - i_v$$

この期間では u 相電流と v 相電流が同時に流れる．この期間を**重なり期間**（overlapping period）と呼び，$\boldsymbol{u}$ で表す．この重なり期間 $\boldsymbol{u}$ は u 相電流がゼロになる時間で求まり，負荷電流が大きくなるほど重なり期間は長くなる．

$$u = -\alpha + \cos^{-1}\left(\cos\alpha - \frac{\sqrt{2}\omega L_l I_d}{V}\right) \tag{4.25}$$

重なり期間中の＋側の電位 e_+ は，次のように転流に関係する相電圧の平均値となる．

$$e_+ = \frac{1}{2}(v_u + v_v) \tag{4.26}$$

すなわち，図 4.22 に示すように減少する．この電圧減少分を**平均リアクタンス電圧降下** E_X と呼び，次式で与えられる．

$$E_X=\frac{3\omega}{\pi}\int_0^{u/\omega}(v_v-e_+)\,dt=\frac{3\omega}{\pi}\int_0^{u/\omega}L_l\frac{di_v}{dt}\,dt$$
$$=\frac{3\omega L_l}{\pi}\int_0^{I_d}di_v=\frac{3\omega L_l}{\pi}I_d \tag{4.27}$$

なお，インダクタンスの値が大きくなると重なり期間が 60° を超え，重なり期間が終わらないうちに次の転流が始まり，結果として三相のすべての相が短絡される，いわゆる**二重重なり期間**が発生する．

4.3 PFC コンバータ

先に述べたようにコンデンサインプット整流回路は，AC から DC への電力変換時に急峻な電源電流となり，高調波を多く含む電流波形となる．この高調波電流の流出により，同じ伝送線路上の電子機器や設備に障害を発生させる可能性がある．高調波の中でも 3 次や 5 次など低次の高調波が支配的であるが，このような高調波を除去するフィルタは容量が大きく装置の大型化につながる．高調波の発生を低減する回路として，**PFC コンバータ**（power factor correction converter）がある．

図 4.23 に，単相 PFC コンバータの一例を示す．全波整流回路と 2 章で学んだ昇圧チョッパを組み合わせた複合型の回路構成である．リアクトル電流のモ

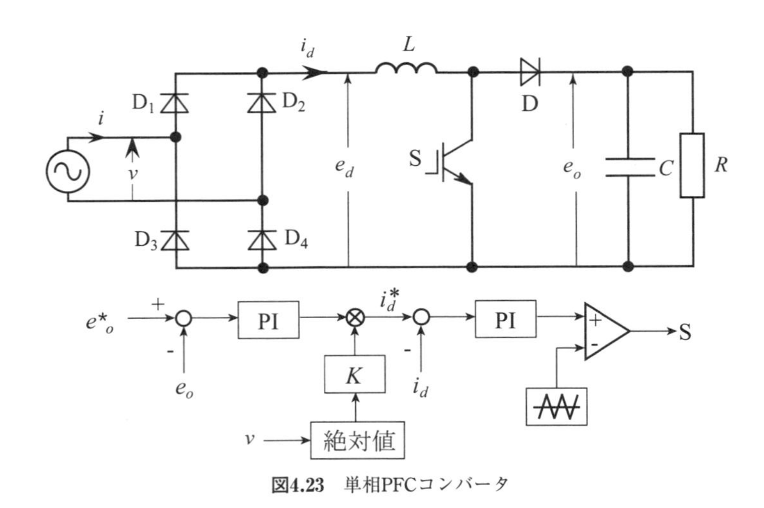

図4.23　単相PFCコンバータ

ードによって種々の制御法があるが，ここではリアクトル電流連続モードの場合の制御ブロックを示す．図 4.23 の制御ブロックに示すように，直流電圧指令値 e_o と直流電圧 e_o の偏差を PI 補償器により増幅し，増幅した値に交流電圧 v の絶対値を基準電圧として乗算し，リアクトル電流指令値 i^*_d を演算する．この指令値に追従するよう昇圧チョッパをスイッチングさせることで，図 4.24 に示すように電源電圧と同相の電源電流とすることができる．直流電圧 e_o は交流電圧 v の最大値よりも高い昇圧動作となるように動作させる必要がある．

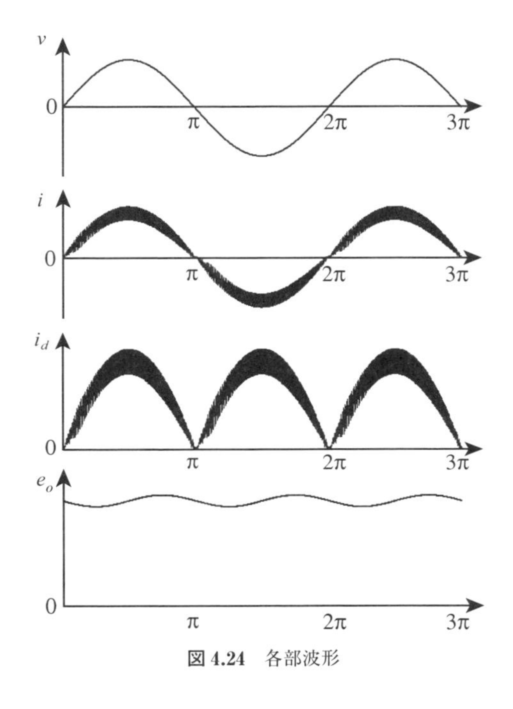

図 4.24　各部波形

4.4　PWM 整流器

4.3 節で述べた PFC コンバータは，その回路構成のため交流から直流への電力変換しかできない．第 3 章で述べた正弦波 PWM インバータは，DC 電力を AC 電力に変換するインバータ動作だけでなく AC 電力を DC 電力に変換する動作も可能であり，AC–DC 変換装置として用いることもできる．たとえば電動機をインバータで駆動する場合，電動機の制動時に生じる回生エネルギーを系統側へ回生でき，低ひずみで高力率な電力変換が可能となる．

図 4.25 に示す回路は，**三相 PWM 整流器**（three-phase PWM rectifier）と呼ばれ，PWM インバータと組み合わせる AC–DC 変換装置として広く用いられている．AC–DC 変換動作を行うためには，電源電圧とコンバータの間にリアクトルが必要である．ここでは PWM 整流器の制御の例として，dq 座標変換を用いた制御法を説明する．直流電圧指令値 e_o と直流電圧 e_o の偏差を PI 補償

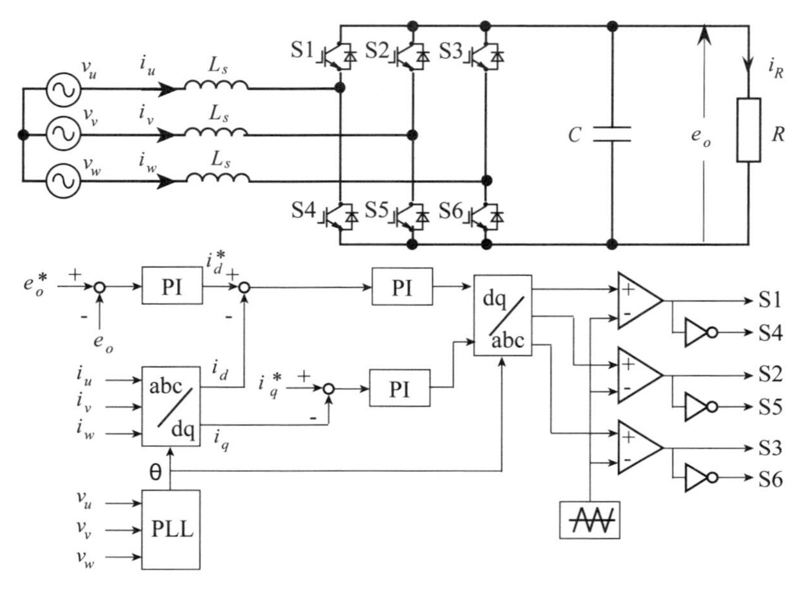

図4.25　三相PWM整流器

器により増幅し，有効電流に相当する d 軸電流指令値 i^*_d を演算する．無効電流に相当する q 軸電流指令値 i^*_q は力率 1.0 で制御する場合は 0 とする．電源電流を dq 座標変換した i_d および i_q との偏差をゼロとするように制御することで，直流電圧維持に必要な電源電流を力率 1.0 で制御できる．ただし，dq 座標変換に用いる電気角は d 軸および q 軸がそれぞれ有効電流，無効電流となるような電気角としなければならない．なお，入力電流波形を正弦波に制御するためには，直流電圧を交流電圧のピーク値以上の一定電圧に保つ必要がある．

演習問題

4.1　図 4.26 に示す単相半波整流回路の負荷として，(1) $R=10\ \Omega$ の抵抗（図 4.26 (a)），(2) $L=50$ mH のリアクトル（図 4.26 (b)），(3) $E_b=100$ V，内部抵抗 $r=1\ \Omega$ の蓄電池を接続した場合（図 4.26 (c)）の，① 直流出力電圧の平均値 E_d，② 直流出力電流の平均値 I_d，③ ダイオードに加わる尖頭逆電圧 V_{PRV} をそれぞれ計算せよ．ただし，交流電圧の実効値 $V=100$ V，周波数 $f=50$ Hz とする．

4.2　図 4.27 に示す電源，サイリスタ T，負荷抵抗 R が直列に接続された単相半波

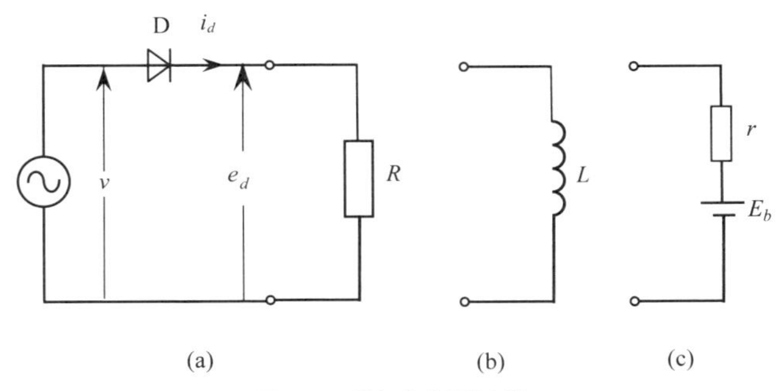

図 4.26　単相半波整流回路

位相制御回路において，サイリスタの端子間電圧を直流電圧計で測定したところ 40 V であった．次の値をそれぞれ求めよ．ただし，交流電圧の実効値 $V=100$ V，$R=8\ \Omega$ とする．
(1) 平均直流電圧 E_d，(2) 平均直流電流 I_d，(3) サイリスタの点弧角 α.

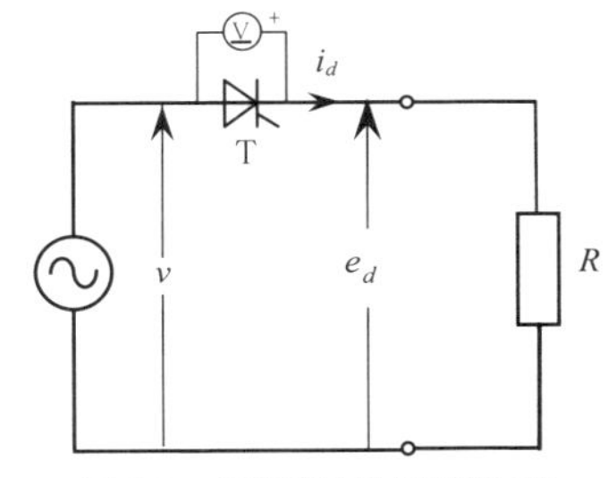

図 4.27　単相半波位相制御回路

4.3　図 4.12 に示す単相全波位相制御回路の負荷として $R=10\ \Omega$ の抵抗が接続されている．平滑リアクトルのインダクタンス L は十分大きく，直流出力電圧の脈動が無視できるものとして次の値を求めよ．ただし，電源電圧の実効値 $V=100$ V，点弧角 $\alpha=45°$ とする．
(1) 直流出力電圧の平均値 E_d，(2) 直流出力電流の平均値 I_d，(3) 交流電流の実効値 I，(4) 力率 $\cos\phi$，(5) 基本波力率 $\cos\phi_1$.

4.4　図 4.28 に示す単相混合ブリッジ回路において一定の直流出力電流 I_d が流れている．いま，電源電圧の実効値を V，点弧角を α としたとき，基本波力率を 1 に改善するために回路に並列に挿入すべきコンデンサ C_i の値を求めよ．

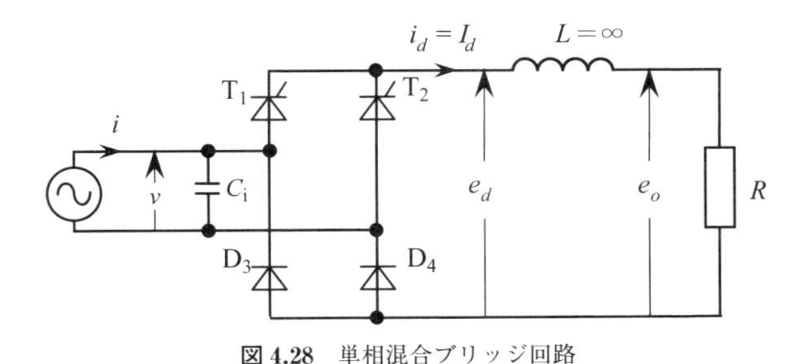

図 4.28　単相混合ブリッジ回路

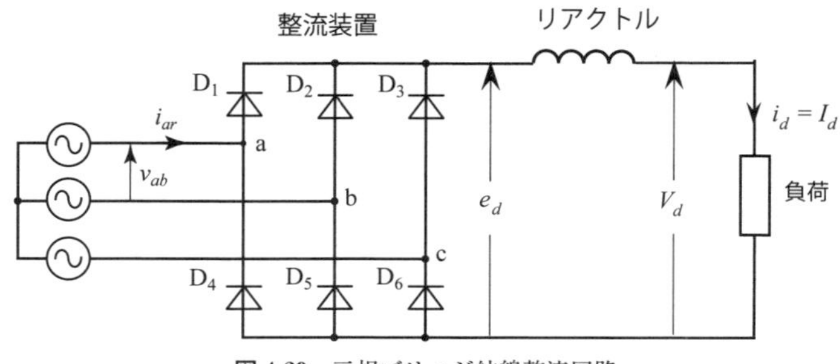

図 4.29　三相ブリッジ結線整流回路

4.5（平成 17 年電験 2 種）　図 4.29 のようなダイオードを用いた三相ブリッジ結線の整流回路がある．これについて次の問に答えよ．ただし，交流電圧は三相平衡電圧で，直流電流は完全に平滑されているものとする．また，回路には損失がなく，転流重なり現象は無視できるものとする．

（1）　交流側線間電圧が $V_{ab}=\sqrt{2}V_r \sin \omega t$ の場合，図の電圧波形を参照して直流平均電圧 V_d を求めよ．

（2）　入力側交流電流は通流角 $2\pi/3$ rad の方形波であるとし，この電流の実効値 I_r を求めよ．ただし，直流電流の平均値は一定とする．

（3）　V_d が 250 V，I_d が 1,400 A であるとき，次の a〜c の値を求めよ．

a．ダイオードにかかる逆ピーク電圧 V_p，b．ダイオードを流れる順電流の平均値 I_{av}，c．変圧器の所要容量 P．

4.6（平成 8 年電験 1 種）　図 4.30 は，サイリスタを用いた三相ブリッジ結線の交直流変換装置について，順変換動作時の動作を説明する電圧波形を示したものである．ただし，転流リアクトルの影響は無視している．この図を参照して次の問に答えよ．

（1）　交流側の相電圧（実効値）を E_a とするとき，直流出力電圧瞬時値 e_d を表す式および平均出力電圧 E_d を表す式を導け．ただし変換装置の制御遅れ角を α とし，直流側電圧降下は無視するものとする．

（2）　直流電流 I_d が完全に平滑であり，交流側には方形波（矩形波）の交番電流が流れるとして，この交番電流実効値 I_a と直

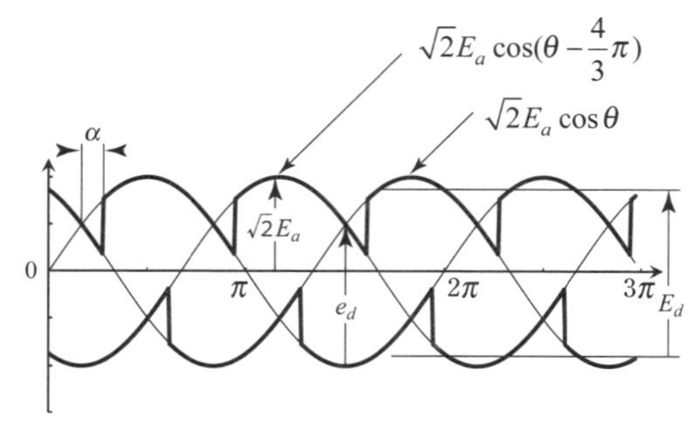

図 4.30　三相ブリッジ結線交直流変換装置

流電流 I_d との関係を表す式を導け．

（3） 上記（1），（2）で求めた関係を用い，直流電圧 62.5 kV，直流電流 800 A の直流電力を得るために必要な交流側皮相電力 kVA を求めよ．ただし，変換装置の制御遅れ角は 30° とする．

解　答

4.1

（1） 抵抗負荷のときには，電源電圧が正の期間ダイオードが導通する．

① $E_d=\dfrac{\sqrt{2}V}{2\pi}\displaystyle\int_0^{\pi}\sin\theta d\theta=\dfrac{\sqrt{2}V}{\pi}=45.0$ [V]

② $I_d=\dfrac{E_d}{R}=4.5$ [A]

③ $V_{PRV}=\sqrt{2}V=141.4$ [V]

（2） ダイオードは $\theta=0$ で導通し，電流が 0 の時点で消弧する．この消弧する角度を消弧角 β と呼び，純 L 負荷の場合 $\beta=2\pi$ となる．

① $E_d=\dfrac{1}{2\pi}\displaystyle\int_0^{2\pi}L\dfrac{di_d}{dt}d\theta=0$ [V]

② $I_d=\dfrac{1}{2\pi}\displaystyle\int_0^{2\pi}\dfrac{\sqrt{2}V}{\omega L}(1-\cos\theta)d\theta=\dfrac{\sqrt{2}V}{\omega L}=9.0$ [A]

③ $V_{PRV}=0$ [V]

（3） ダイオードが導通する角度を α_i，消弧する角度を β_i とすると，

$$\alpha_i=\sin^{-1}\left(\frac{E_b}{\sqrt{2}V}\right),\quad \beta_i=\sin^{-1}\left(\frac{E_b}{\sqrt{2}V}\right)=\pi-\alpha$$

したがって

① $E_d=E_b+\dfrac{1}{2\pi}\displaystyle\int_{\alpha_i}^{\beta_i}(\sqrt{2}V\sin\theta-E_b)d\theta=106.8$ [V]

② $I_d=\dfrac{1}{2\pi}\displaystyle\int_{\alpha_i}^{\beta_i}\dfrac{1}{r}(\sqrt{2}V\sin\theta-E_b)d\theta=\dfrac{1}{r}(E_d-E_b)=6.8$ [A]

③ $V_{PRV}=E_b+\sqrt{2}V=241.4$ [V]

4.2 サイリスタが導通しているときには電源電圧は負荷抵抗に加わり，サイリスタがオフの期間では，電源電圧はサイリスタの端子間電圧 e_T となる．電源電圧の平均値は 0 であるので，平均直流電圧 E_d とサイリスタの端子間電圧 E_T との間には $E_d=E_T$ の関係がある．

（1） $E_d=E_T=40$ [V]

（2） $I_d=\dfrac{E_d}{R}=5$ [A]

（3）　$\alpha=\cos^{-1}\left(\frac{\sqrt{2}\pi}{V}E_d-1\right)=39.0°$

4.3

（1）　$E_d=\frac{1}{\pi}\int_{\alpha}^{\pi+\alpha}\sqrt{2}V\sin\theta d\theta=\frac{2\sqrt{2}}{\pi}V=\cos\alpha=63.7$［V］

（2）　$I_d=\frac{E_d}{R}=6.37$［A］

（3）　$I=\sqrt{\frac{1}{2\pi}\int_{\alpha}^{2\pi+\alpha}i^2d\theta}=I_d=6.37$［A］

（4）　$\cos\phi=\frac{E_dI_d}{VI}=\frac{2\sqrt{2}}{\pi}\cos\alpha=0.617$

（5）　$\cos\phi_1=\frac{E_dI_d}{VI_1}=\cos\alpha=0.707$

4.4　コンデンサ C_1 には，単相混合ブリッジを流れる遅れ電流成分を補償する進み電流を流す必要がある．

$$C=\frac{\sqrt{2}I_d}{\pi\omega V}\sin\alpha$$

4.5

（1）　$V_d=\frac{3}{\pi}\int_{\pi/3}^{2\pi/3}\sqrt{2}V_r\sin\theta d\theta=\frac{3\sqrt{2}}{\pi}V_r$

（2）　$I_r=\sqrt{\frac{1}{\pi}\int_{\pi/3}^{\pi}I_d^2d\theta}=\sqrt{\frac{2}{3}}I_d$

（3）　a：$V_p=\sqrt{2}V_r=\sqrt{2}\frac{V_d}{3\sqrt{2}/\pi}=\frac{\pi}{3}V_d=262$［V］

b：$I_{av}=\frac{1}{2\pi}\left(I_d\times\frac{2}{3}\pi\right)=\frac{1}{3}I_d=467$［A］

c：$P=3\times E_rI_r=\sqrt{3}V_rI_r=\sqrt{3}\times\frac{V_d}{3\sqrt{2}/\pi}\times\sqrt{\frac{2}{3}}I_d=\frac{\pi}{3}V_dI_d=367$［kVA］

4.6

（1）　$e_d=\sqrt{6}E_a\cos\left(\theta-\frac{\pi}{6}\right)$，　$E_d=\frac{3\sqrt{6}}{\pi}E_a\cos\alpha$

（2）　$I_a=\frac{\sqrt{6}}{3}I_d$

（3） 60,459 [kVA]＝60.5 [MVA]

Tea Time

接触変流機

交流の直流への変換は，古くて新しい問題である．良質の直流電力は電気分解や電気メッキにとって欠くことのできないものであり，パワーエレクトロニクス技術の開発以前にもさまざまな装置が考案され，利用されてきた．図 4.31 に示す回路は 1940 年にコッペルマン（F. Koppelmann）によって提案された接触変流機である．ばねによって加圧されたシリンダー形スイッチと同期電動機で駆動されるカムを組み合わせ，交流電圧に同期して機械的スイッチを切り替えるもので，[270～400 V，5,000～24,000 A] の装置が製作され，電気化学工業に使用された．低電圧出力時の効率がきわめてよいという特長があり，日本にも 1952 年以来 30 台を超える設備がソーダ電解槽やマグネシウム電解槽用として導入された．しかし，落雷などによる急激な電圧変動で誤作動する事故が頻発し，またサイリスタを用いた大容量半導体整流装置が出現したため用いられなくなった．

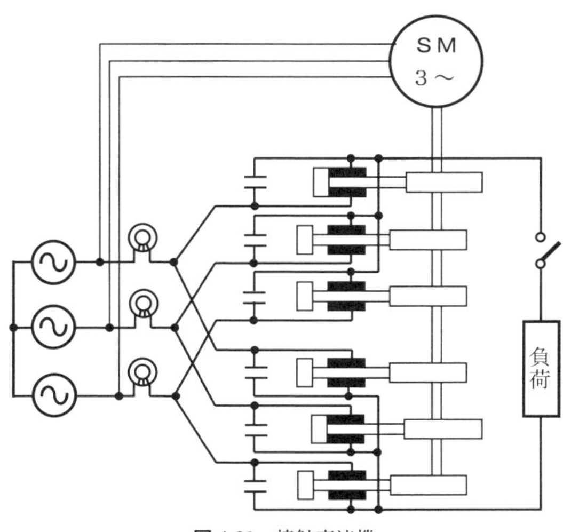

図 4.31　接触変流機

5 AC–AC 変換装置

現在，AC–AC 変換装置としては交流電力調整回路と整流器–インバータシステムが広く用いられている．交流電力調整回路は出力電圧を調整する機能を持ち調光装置や誘導電動機のスタータとして用いられている．整流器–インバータシステムはAC 電力を一度直流電力に変換し，それを異なる周波数，異なる電圧のAC 電力に再度変換する装置で，家庭用のインバータエアコンから産業用ロボット，さらには圧延機の駆動電源など，パワーエレクトロニクス装置を代表する装置として広く用いられている．また近年，次世代の駆動電源としてマトリクスコンバータが注目を浴びている．本章では，これらのAC–AC 変換装置について説明する．

5.1 交流電力調整回路

5.1.1 単相交流電力調整回路

図 5.1 に，調光装置として広く用いられている**単相交流電力調整回路**（single–phase AC power controller）の回路構成を示す．同様の回路構成で交流電力のオンオフに用いられる装置は**AC スイッチ**と呼ばれている．スイッチング素子としては**トライアック**（triac）と呼ばれる半導体素子が用いられている．トライアックは図 5.2（a）に示すように，2 個のサイリスタが逆並列に接続された回路と等価であり，図 5.2（c）に示すようにnpnpn の 5 層構造となっている．トライアックは 1 個の素子と 1 組のゲート制御回路で交流電力を制御できるので，小容量の交流電力調整回路やAC スイッチ用素子として広く用いられている．

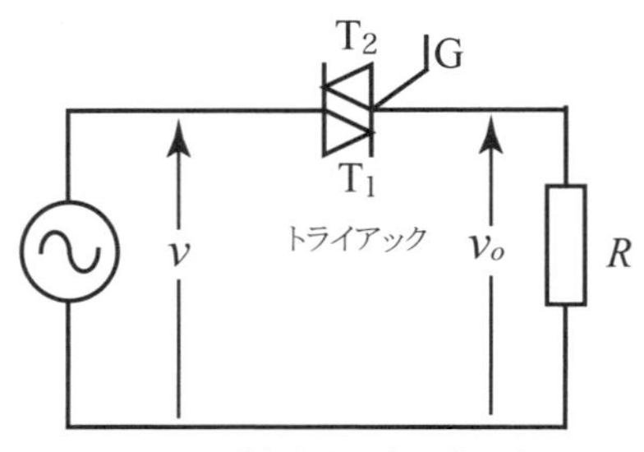

図 5.1 単相交流電力調整回路

いまこの回路に抵抗負荷が接続されて

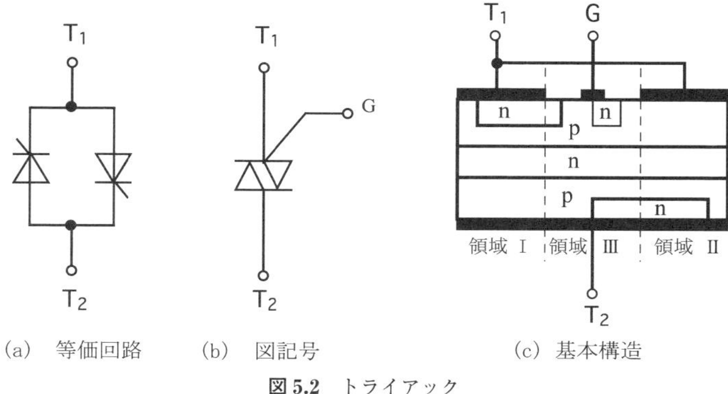

図 5.2　トライアック

いる場合を考えてみよう．ここで第 4 章と同様に電源電圧は正弦波とし，次式で書けるとする．

$$v=\sqrt{2}V\sin\theta,\quad \theta=\omega t$$

トライアックが点弧角（制御遅れ角）α で動作しているとすると，0〜α の期間オフ，α〜π の期間オンとなり，交流出力電圧は図 5.3 に示すような交流波形となる．これより交流出力電圧の実効値 V_o は次式で与えられる．

$$V_o=\sqrt{\frac{1}{\pi}\int_{\alpha}^{\pi}(\sqrt{2}V\sin\theta)^2d\theta}=V\sqrt{\left(1-\frac{\alpha}{\pi}\right)+\frac{1}{2\pi}\sin 2\alpha} \tag{5.1}$$

図 5.4 に交流出力電圧 V_o と点弧角 α との関係を示す．α を変えることによって交流出力電圧を変化させ，ランプの照度などを自由に制御することがで

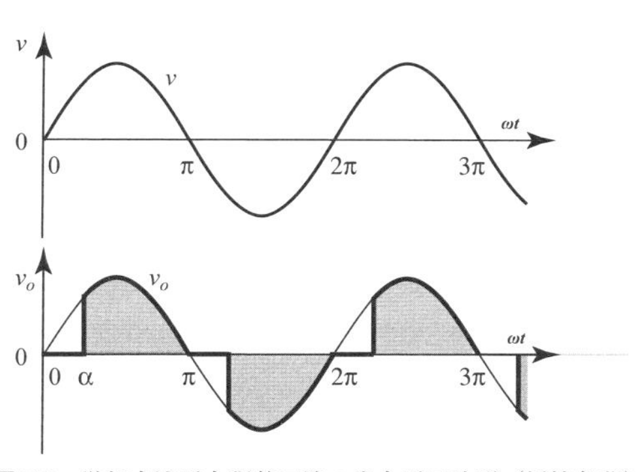

図 5.3　単相交流電力調整回路の出力電圧波形（抵抗負荷）

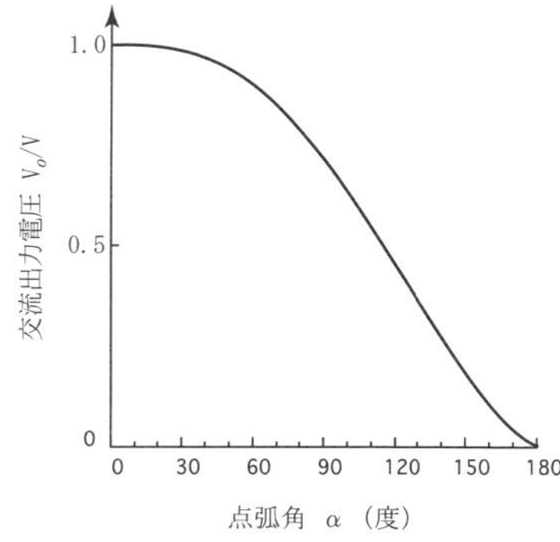

図 5.4　交流出力電圧

きる．

【例題 5.1】 電熱装置のように熱時定数が大きい負荷に対しては，数秒あるいはそれ以上の周期でオンオフ制御してもよい．このような場合には，図 5.5 に示すサイクル制御と呼ばれる制御方式が用いられる．電源電圧の実効値を V とし，負荷電圧の実効値 V_o および負荷電力 P を求めよ．

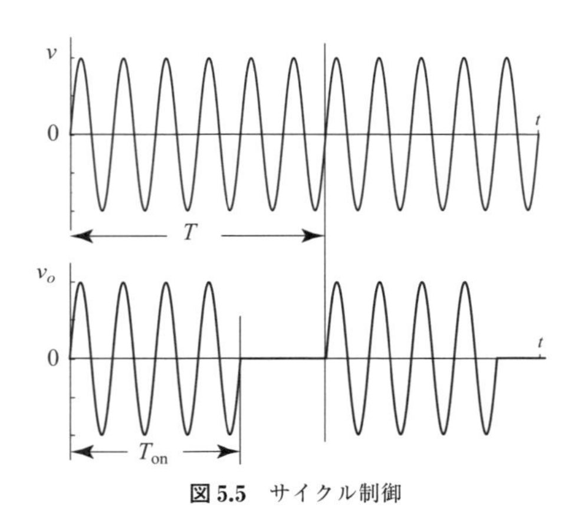

図 5.5　サイクル制御

【解答】 図 5.5 のように通流期間 T_{on} は電源周期の整数倍となるので，電圧調整率は段階的に変化する．なお温度制御の場合の負荷は抵抗と考えてよい．

いま，電源電圧が次式で与えられるとすると，

$$v=\sqrt{2}V\sin\theta,\quad \theta=\omega t$$

負荷電圧の実効値 V_o は次式となる．

$$\begin{aligned} V_o&=\sqrt{\frac{1}{T}\int_0^{T_{on}}(\sqrt{2}V\sin\theta)^2dt}=V\sqrt{\frac{1}{T}\int_0^{T_{on}}(1-\cos 2\omega t)dt} \\ &=V\sqrt{\frac{T_{on}}{T}} \end{aligned} \tag{5.2}$$

温度制御の場合，負荷は抵抗 R と考えられるので負荷電力 P は次式で書ける．

$$P=\frac{V_o^2}{R}=\frac{V^2}{R}\frac{T_{on}}{T}$$

5.1.2　三相交流電力調整回路

図 5.6 に**三相電力調整回路**（three-phase AC power controller）の基本回路を示す．比較的小容量の場合，図に示す逆並列に接続されたサイリスタの代わりにトライアックが用いられる．三相電力調整回路は出力電圧を位相制御する

ことにより，一次電流を制限し電動機の焼損を防ぐ三相誘導電動機用の始動器や比較的狭い範囲の速度制御装置として用いられている．

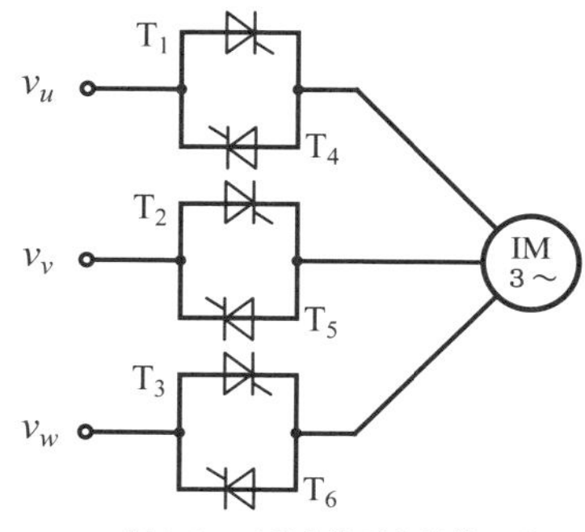

図 5.6　三相交流電力調整回路

5.2　整流器–インバータシステム

AC–DC 変換装置である整流器や PWM 整流器と，DC–AC 変換装置である PWM インバータを組み合わせて任意の電圧，周波数の交流を発生させる**整流器–インバータシステム**は，可変速駆動装置の電源として，小容量から大容量まで広く用いられている．

図 5.7 は整流器と電圧形 PWM インバータを組み合わせた例であり，現在用いられているほとんどの交流可変速システムがこの構成となっている．なお回生動作が必要な応用の場合は，整流器の代わりに第 3 章で述べた 180° 通電形の電圧形インバータをコンバータに用いた 6 ステップコンバータや第 4 章で述べた PWM 整流器が用いられる．

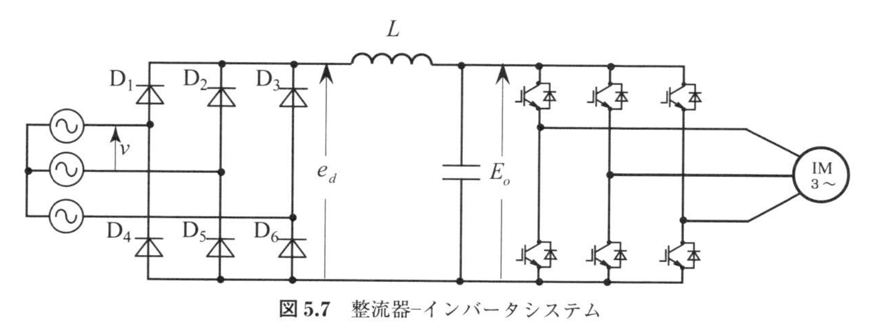

図 5.7　整流器–インバータシステム

5.3　マトリクスコンバータ

マトリクスコンバータ（matrix converter）は交流電力を別の周波数の交流電力に直接変換するもので，イタリアのベントリーニ（M. Venturini）により 1972 年に提案された．図 5.8（a）に示すように，電源側と負荷側が両方向スイッチによりマトリクス状に接続されていることからこの名前がつけられているが，図 5.8（b）のように書き換えることができるので PWM サイクロコンバータとも呼ばれている．

マトリクスコンバータは，通常のサイクロコンバータが自然転流を用いるのに対し，可制御素子を用いて入出力波形の PWM 制御を行うもので，

① 比較的小容量の自己消弧形スイッチング素子を用いて大容量の装置が構成できる．また，DC リンク回路がないため電解コンデンサなどエネルギー蓄積要素を必要とせず小型で大容量の装置が製作できる

② 一般の整流器-インバータ方式やコンバーター-インバータ方式に比べて直列に接続されるスイッチ素子数が少ないために，導通時の電圧降下に伴う損失が減少し，高効率が期待できる

③ 4 象限運転が容易に実現できる．また，入力電流波形を基本波力率 1 の正

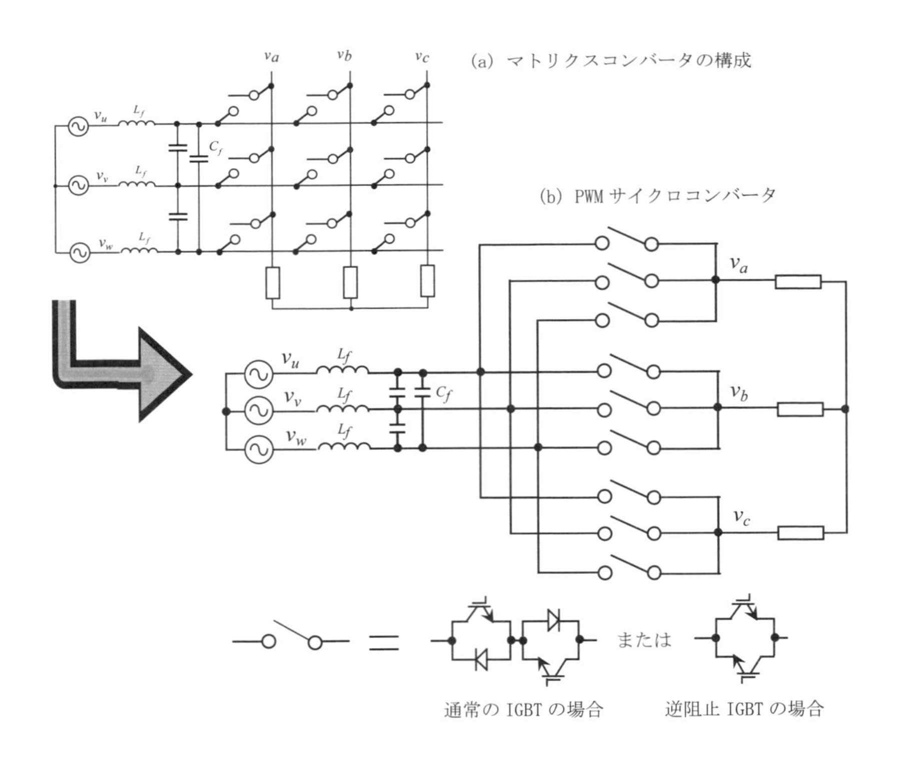

図 5.8　マトリクスコンバータ

弦波形に制御できる

など，優れた特長を持っている半面，

④ 両方向スイッチを構成するために，順逆両方向の耐圧を持つ高速の自己消弧形スイッチング素子が必要となる

⑤ 内部にエネルギー蓄積要素を持たないため，電源電圧や負荷の変動など，入力側や出力側で発生した変動が他方に影響を及ぼしやすい

など，実用化するうえで解決すべき多くの問題点があった．

マトリクスコンバータの実用化は転流時の電源短絡を防止する点弧シーケンスの考案，さらには電源電圧変動に瞬時に対応でき入出力波形を制御できる高速制御回路の実現により初めて可能になった．

マトリクスコンバータは，2005年6月に株式会社 安川電機により世界で初めて商品化され，電源高調波対策が必要とされる可変速用途，エレベータなど繰り返し負荷や回生電力が大きい昇降用途，重負荷で低速運転や迅速な減速が必要な用途など，10 kVAの小容量機から6,000 kVAの大容量機までの環境にやさしい省エネドライブとして，さまざまな分野に応用され始めている．

図5.9に市販されているマトリクスコンバータの外観を示す．

マトリクスコンバータの出力電圧は次式で与えられる．

$$v_o = \frac{T_u}{T} v_u + \frac{T_v}{T} v_v + \frac{T_w}{T} v_w \quad (5.3)$$

上式に含まれる電源各相への接続時間 T_u，T_v，T_w を適切に制御することによって，図5.10に示すように出力電流波形のみならず入力電流波形も力率1の正弦波に制御することができる．図5.10 (a) にシリコンデバイスを用いた従来型のマトリクスコンバータの，図5.10 (b) にSiCデバイスを用いたフルSiCマトリクスコンバータ試作機の入出力波

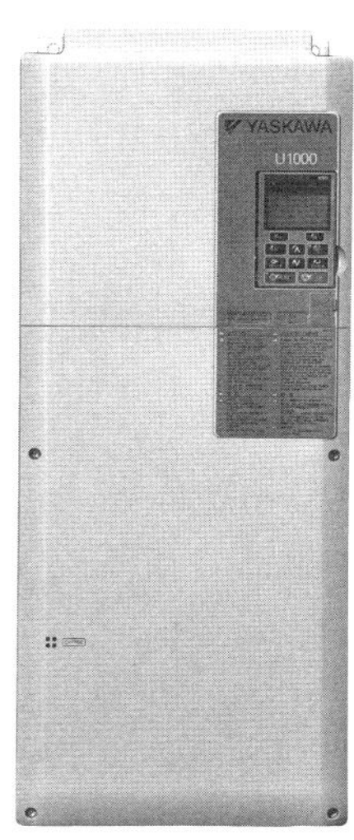

図5.9　マトリクスコンバータの外観
安川電機 120%定格 200 V/～248 kVA，400 V/～930 kVA．

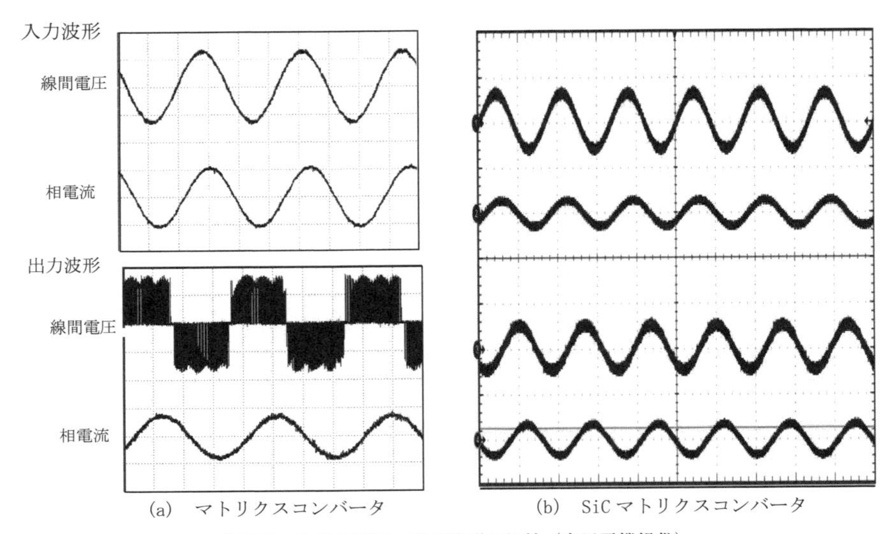

(a)　マトリクスコンバータ　　　(b)　SiC マトリクスコンバータ

図 5.10　入出力電圧・電流波形の比較（安川電機提供）

表 5.1　各種AC-AC変換方式の比較（波形は安川電機提供）

変換方式	整流器 +PWM インバータ	6 ステップ +PWM インバータ	マトリクスコンバータ	SiC マトリクスコンバータ
システム構成				
入力電圧波形 入力電流波形				
出力電圧波形 出力電流波形				
回生動作	不可能	普通	良好	良好
入力電流歪率・力率	88%・0.75	88%・0.75	8%・0.98	電圧電流完全正弦波化 5% 以下・1.0
総合効率	良好	普通	良好	従来品に対し 0.4% 向上

形を示す．従来型のスイッチング周波数が 4 kHz なのに対し，SiC 試作機のスイッチング周波数は 30 kHz と高速化され，入力フィルタサイズも従来型のほぼ 1/2 となった．さらにその大きさのため設置が困難だった出力フィルタの採用が可能となり，入出力電圧電流の正弦波化が実現した．また，ひずみ率，力率，効率も改善されたことが報告されている．

表 5.1 に，各種 AC–AC 変換方式のシステム構成，入出力電圧電流波形，総合効率など，それぞれの特徴を比較して示す．

演習問題

5.1（平成 14 年電験 2 種）　図 5.11（a）は，サイリスタを使用した双方向制御型単相交流電力調整回路を示す．図において，入力電圧を $v_i=\sqrt{2}V_i\sin\omega t$，抵抗負荷を R，サイリスタを T_1，T_2 とし，それらの点弧角は等しく α として，次の問に答えよ．ただし，サイリスタの損失は無視するものとする．

（1）　負荷電圧の実効値 V_o を入力電圧の実効値 V_i および点弧角 α を用いて表せ．

（2）　入力力率 $\cos\phi$ を α を用いて表せ．

（3）　サイリスタ T_1 に流れる電流の平均値 I_T を V_i，R および α を用いて表せ．

（4）　図 5.11（b）のようにサイリスタ T_2 をダイオード D_2 で置き換えたとき，負荷電圧の平均値 V_{av} を V_i および α を用いて表せ．ただし，ダイオードの損失は無視するものとする．

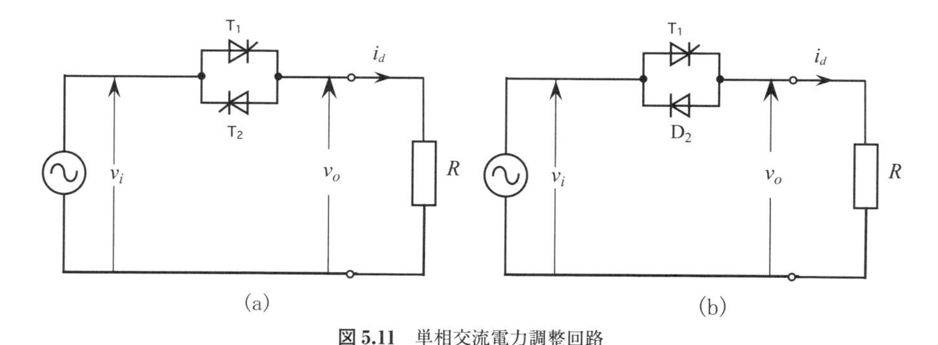

図 5.11　単相交流電力調整回路

5.2　サイクル制御で 1 サイクルオン，4 サイクルオフのときの出力電圧の高調波を計算せよ．ただし，電源電圧は 100 V，50 Hz とする．

5.3（平成 9 年電験 1 種）　図 5.12 のようなサイリスタの逆並列回路があり，負荷に

正弦波電流 $i(t)=I_m \sin \omega t$ が流れている．ただし ω は角周波数，t は時間とする．この回路に関し次の値を求めよ．

（1）各サイリスタに流れる電流の平均値 I_T，（2）各サイリスタを流れる電流の実効値 I_{Trms}，（3）I_{Trms} と負荷電流の実効値 I_{rms} の比．

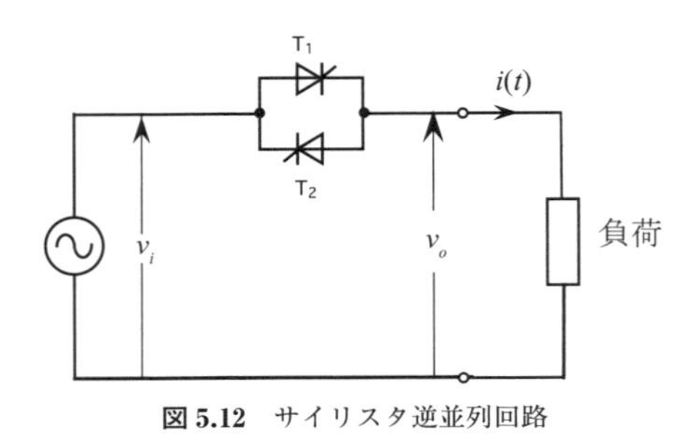

図 5.12　サイリスタ逆並列回路

5.4　図 5.6 に示す三相交流電力調整回路に抵抗 R の負荷が接続されたときの，負荷電流の実効値 I_{rms} を求めよ．

解　答

5.1

（1）$V_o=\sqrt{\dfrac{1}{\pi}\displaystyle\int_\alpha^\pi v_i^2 d(\omega t)}=V_i\sqrt{\left(1-\dfrac{\alpha}{\pi}\right)+\dfrac{\sin 2\alpha}{2\pi}}$

（2）$\cos\phi=\dfrac{V_oI_L}{V_iI_L}=\sqrt{\left(1-\dfrac{\alpha}{\pi}\right)+\dfrac{\sin 2\alpha}{2\pi}}$

（3）$I_T=\dfrac{1}{2\pi}\displaystyle\int_\alpha^\pi \dfrac{\sqrt{2}V_i}{R}\sin(\omega t)d(\omega t)=\dfrac{\sqrt{2}V_i}{2\pi R}(1+\cos\alpha)$

（4）$V_{av}=\dfrac{1}{2\pi}\displaystyle\int_\alpha^{2\pi}\sqrt{2}V_i\sin(\omega t)d(\omega t)=\dfrac{\sqrt{2}V_i}{2\pi}(\cos\alpha-1)$

5.2　基本周波数は 10 Hz であり，出力電圧の原点を図 5.13 のように選ぶと奇関数となるので，フーリエ級数

$$v_o=\sum_{n=1}^{\infty}(a_n\cos n\omega_f t+b_n\sin n\omega_f t)$$

の係数 a_n，b_n は次式で表される．

$$a_n=0$$

$$b_n=-\frac{100\sqrt{2}}{\pi}\frac{10}{5^2-n^2}\sin\frac{2n\pi}{10}$$

ただし　$b_5=-20\sqrt{2}$，$\omega_f=20\pi$

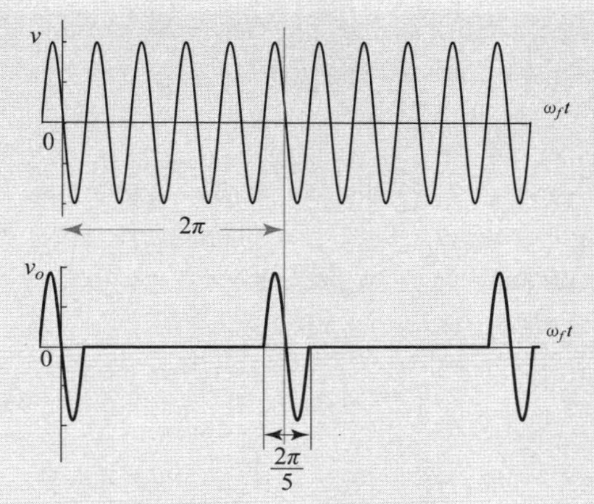

図 5.13　サイクル制御の高調波

5.3

（1）　$I_T=\dfrac{1}{2\pi}\displaystyle\int_0^{\pi} I_m \sin\theta d\theta=\dfrac{I_m}{\pi}$

（2）　$I_{Trms}=\sqrt{\dfrac{1}{2\pi}\displaystyle\int_0^{\pi} I_m^2 \sin^2\theta d\theta}=\dfrac{I_m}{2}$

（3）　$I_{rms}=\dfrac{I_m}{\sqrt{2}}$，　$\dfrac{I_{Trms}}{I_{rms}}=\dfrac{\sqrt{2}}{2}$

5.4

（i）　$0\leq\alpha\leq\pi/3$

$$I_{rms}=I\sqrt{1-\frac{3\alpha}{2\pi}+\frac{3}{4\pi}\sin 2\alpha}$$

（ii）　$\pi/3\leq\alpha\leq\pi/2$

$$I_{rms}=I\sqrt{\frac{1}{2}+\frac{3}{4\pi}\sin 2\alpha+\frac{3}{4\pi}\sin\left(2\alpha+\frac{\pi}{3}\right)}$$

（iii）　$\pi/2\leq\alpha\leq 5\pi/6$

$$I_{rms}=I\sqrt{\frac{5}{4}-\frac{3\alpha}{2\pi}+\frac{3}{4\pi}\sin\left(2\alpha+\frac{\pi}{3}\right)}$$

ただし，電源相電圧の実効値を V としたとき，$I=V/R$

Tea Time

ソフトウェア制御，ハードウェア制御

パワーエレクトロニクスでは，パワーとエレクトロニクスを結びつける制御部が重要な構成要素となっている．当初はアナログ回路を駆使したハードウェア制御で実現していた．その後マイクロプロセッサの飛躍的な進歩により実時間でのソフトウェア制御が可能となり，複雑な制御が次々と実現されてきた．さらに近年では，FPGA に代表されるユーザが書き換え可能なディジタルハードウェア素子と，その容量の増大により，ソフトウェアでは実現できなかった高速の演算が可能となり，再度ハードウェアでの制御が着目されてきた．将来的には，お互いの長所が融合した素子が登場し，ソフト，ハードといった区別がなくなる日が来るかもしれない．そのときソフトなハードウェア制御というのか，ハードなソフトウェア制御というのか，楽しみでもある．

6　パワーエレクトロニクスの応用

6.1　チョッパによる直流電動機の駆動

直流電動機は端子電圧を調整することで容易に速度制御できるため，従来から DC–DC 変換装置を用いた**チョッパ方式**，AC–DC 変換装置を用いた**静止レオナード方式**と呼ばれる**直流機ドライブ方式**が採用されている．チョッパを用いる方式は，直流を電源とする電車などの輸送機に使用される**直流直巻電動機**の速度制御に適しており，高効率で高速かつスムースな速度制御が可能になる．

図 6.1 は降圧形チョッパを用いた直流電動機の駆動システムを示す．ただし，L は電流平滑用リアクトルであり，直巻電動機の場合は界磁巻線が利用される．また，i_a，e_a，ω_m はそれぞれ電機子電流，逆起電力および回転角速度である．いま，降圧形チョッパに PWM を適用し，チョッパが連続モードで動作しているとき，定常状態における動作波形は図 6.2 のようになる．e_a，i_a，e_{do} の平均値を各々E_a，I_a，E_{do} とすると，E_{do} は

$$E_{do} = \frac{1}{T}\int_0^T e_{do}dt = \frac{1}{T}\int_0^{T_{on}} E_d dt = DE_d \tag{6.1}$$

となり，これが電動機端子電圧に等しいので，降圧形チョッパで駆動される直

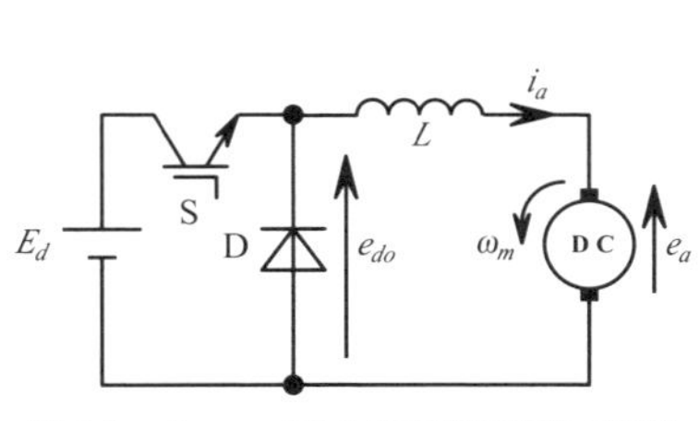

図 6.1　チョッパによる直流電動機の駆動

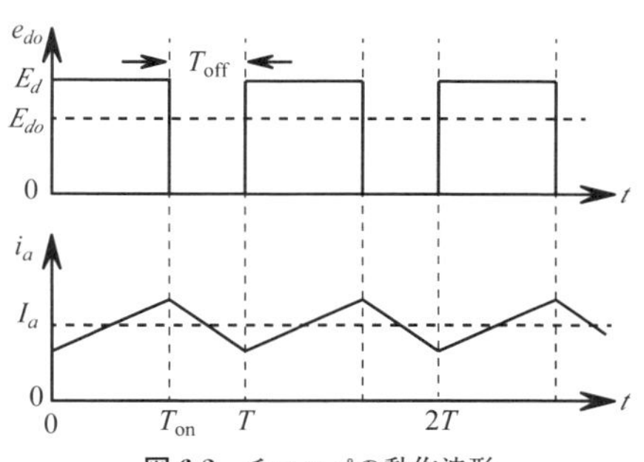

図 6.2　チョッパの動作波形

流電動機の電圧と電流の関係は，電機子抵抗を R_a として

$$DE_d = E_a + R_a I_a \tag{6.2}$$

のように表される．ただし，Φ を電動機 1 極当りの磁束，K_a を電動機構造で決まる定数とすると，

$$E_a = K_a \Phi \omega_m \ \text{[V]} \tag{6.3}$$

である．このとき，電動機の発生トルク T_e および回転角速度 ω_m は

$$T_e = K_a \Phi I_a \ \text{[N-m]} \tag{6.4}$$

$$\omega_m = \frac{E_a}{K_a \Phi} \ \text{[rad/s]} \tag{6.5}$$

で与えられる．また，抵抗 R_a が小さいとすると E_a がほぼ DE_d に等しいので，デューティ比 D を変えることにより速度制御できることがわかる．

ところで，一般に直流電動機の運転状態は図 6.3 に示すような 4 つの領域で表現できる．ただし，図のように軸 T_e–ω_m は I_a–E_a で置き換えても同じである．I 象限から IV 象限のすべての領域で動作可能な運転は，**4 象限運転**（four-quadrant operation）と呼ばれている．このような観点から考えると，図 6.1 の運転方式は電圧および電流が一方向であるので，I 象限だけで運転する 1 象限運転（single-quadrant operation）である．図 6.1 にスイッチとダイオードを各々1 個追加して，図 6.4 のように変換器部を図 2.11 と同じ構成にすると，パワーフローが可逆になる．スイッチ S_1 をオンオフ制御するときは図 6.1 に相当する I 象限での運転であるのに対し，スイッチ S_2 をオンオフ制御するときは変換器は昇圧形チョッパ，電動機は発電機として動作し，エネルギーを電源へ返還しながら制動する II 象限での運転となる．このような制動方法を**回生制動**（regenerative braking）といい，図 6.4 の構成では 2 象限運転（two-quadrant operation）が可能になる．直流電動機を逆転まで含めた 4 象限で運転するためには，変換器部を図 6.5 に示すように DC–AC 変換装置と同じ構成にすればよ

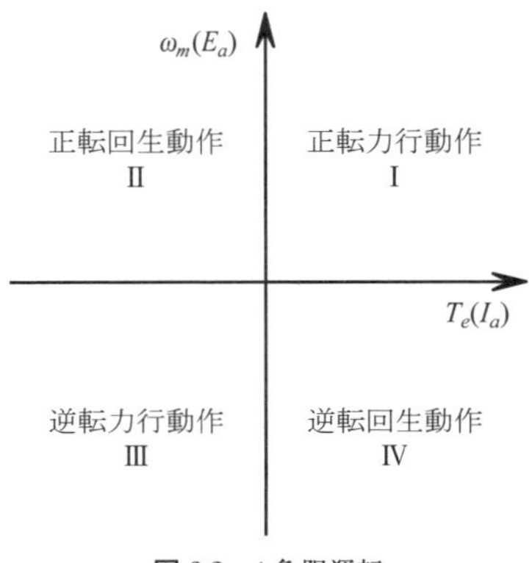

図 6.3　4 象限運転

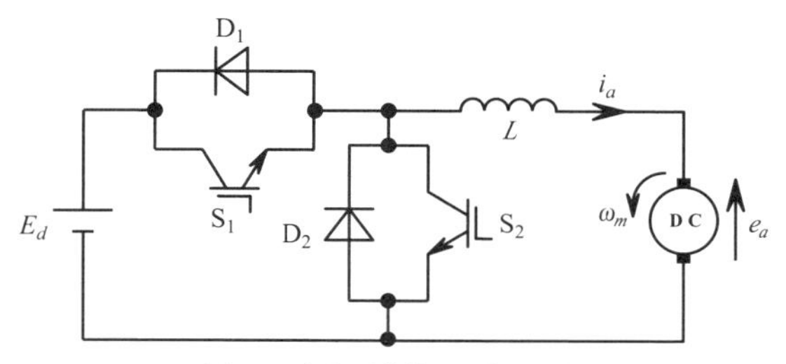

図 6.4　直流電動機の 2 象限運転

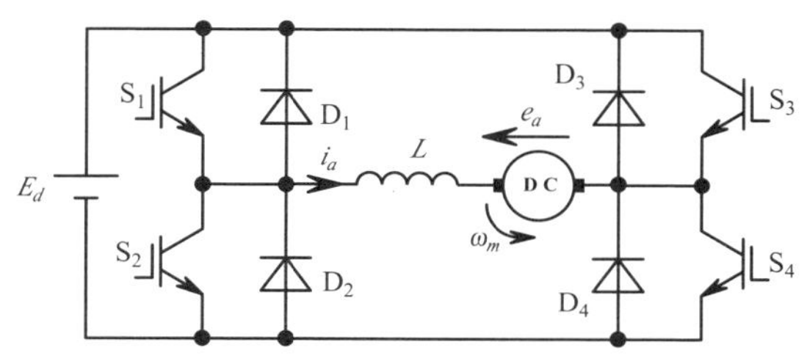

図 6.5　直流電動機の 4 象限運転

い．具体的には図 6.5 において，S_3 オフ，S_4 オンで S_1 をオンオフ制御したとき $E_a>0$，$I_a>0$（I 象限），S_3 オフ，S_4 オンで S_2 をオンオフ制御したとき $E_a>0$，$I_a<0$（II 象限），S_1 オフ，S_2 オンで S_3 をオンオフ制御したとき $E_a<0$，$I_a<0$（III 象限），S_1 オフ，S_2 オンで S_4 をオンオフ制御したとき $E_a<0$，$I_a>0$（IV 象限）となり，すべての動作領域で運転可能であることがわかる．

なお，チョッパで直流電動機を駆動したとき，電源電流が断続し，電源電圧の変動や EMI などの原因となることがある．このような欠点は，電源側でのフィルタ設置，チョッパの多重化によって改善することができる．

6.2　インバータによる交流電動機の駆動

交流の電圧，電流，周波数を調節できるインバータは，交流機の駆動特性を飛躍的に高めた．交流機のさまざまな負荷特性に対応して，インバータの回路方式や制御方式が多種多様に活用されている．ここでは誘導機と同期機の駆動例を概説する．

6.2.1 誘導電動機の駆動

誘導電動機（induction motor）は構造上堅牢で保守が容易な半面，すべりを伴うために正確な速度制御が困難とされてきたが，パワーエレクトロニクスの発展により速度制御やトルク制御の制御性が飛躍的に改善され，いまや直流機の制御性を凌ぐ特性を持つに至っている．

誘導電動機の制御には一次電圧制御，V/f 一定制御，すべり周波数制御，ベクトル制御，二次電力制御のサイリスタセルビウス方式などがあるが，ここでは誘導機の特性を直流機特性にまで高めた**ベクトル制御**（vector control）について述べる．

図 6.6 に一次側に換算した誘導電動機の**簡易等価回路**を示す．この等価回路では鉄損成分を無視し，二次側の漏れインダクタンスは等価的に一次側に換算している．この等価回路は基本的には定常状態を表すものであるが，特に磁束をつくる励磁電流成分が一定の場合には，過渡状態も表示することができる．

ベクトル制御は，磁束を作る励磁電流成分とトルクを発生するトルク電流成分を区別し，必要な各成分から一次電流の指令値を演算作成し，この電流をインバータで与えるようにしたものである．図 6.6 の簡易等価回路において，一次電流成分 I_1 は励磁電流成分 I_0 とトルク電流成分 I_2 の和であり，I_0 と I_2 には $\pi/2$ の位相差がある．

$$I_1=\sqrt{I_0^2+I_2^2} \tag{6.6}$$

$$\theta=\tan^{-1}\frac{I_2}{I_0} \tag{6.7}$$

したがって，発生トルク T は，ϕ を磁束，k を定数とすると

$$T=k\phi I_2 \tag{6.8}$$

で与えられるから，ϕ を作る I_0 とトルクを発生する I_2 から I_1 を定めることに

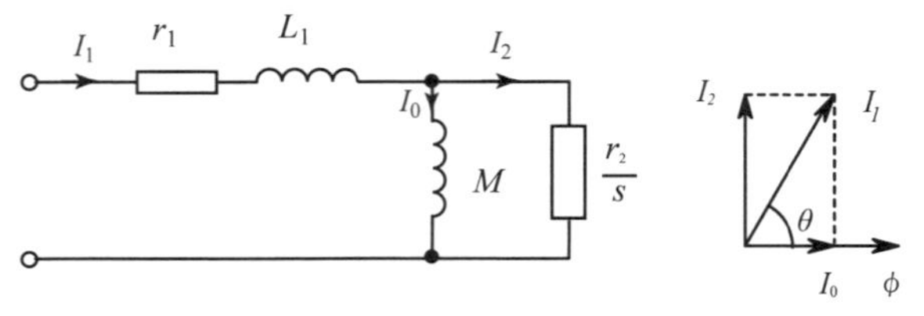

図 6.6 誘導機の簡易等価回路とベクトル図

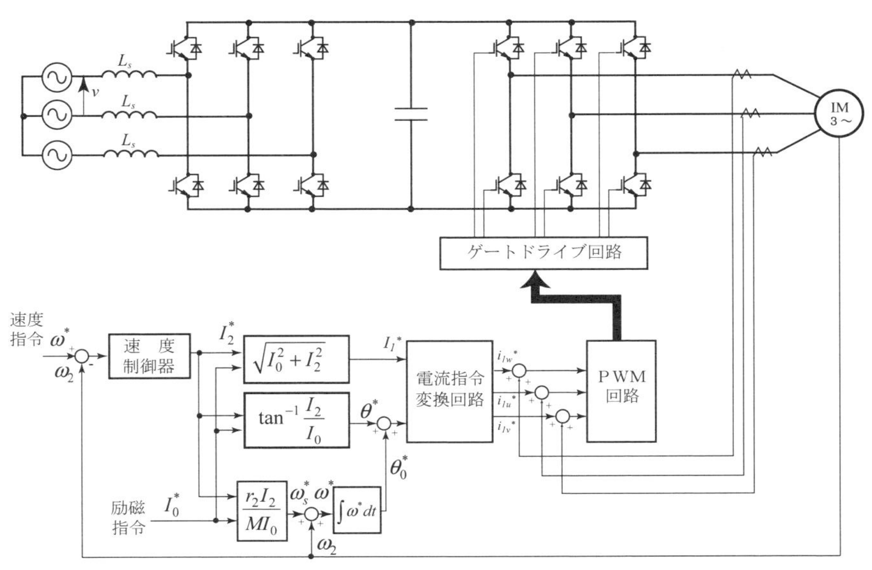

図 6.7 誘導電動機のベクトル制御ブロック図

より所定のトルク T を得ることができる．

ここで，$\omega MI_0=(r_2'/s)I_2$ からすべり角周波数 ω_s は

$$\omega_s = s\omega = \frac{r_2' I_2}{MI_0} \tag{6.9}$$

$$\omega = \omega_2 + \omega_s \tag{6.10}$$

したがって，一次電流の大きさ I_1，位相 θ，角周波数 ω を制御すること，すなわち一次電流のベクトルを制御することにより，速度とトルクを制御することができる．

これらを実行するブロック線図を図 6.7 に示す．速度指令と誘導機速度の帰還信号から速度制御器によってトルク電流指令値 I_2^* を，また励磁電流指令値 I_0^* を用いて，式（6.6）の I_1^*，式（6.7）の θ^*，式（6.9）の ω_s^* が求められる．また，速度帰還信号 ω と ω_s^* から式（6.10）の ω^* を，さらにこれを積分することにより回転磁界の位相角 $\theta_0^*(=\omega t)$ が得られるので，これに θ^* を加えて電流制御の位相角が決まる．したがって，これら一次電流の大きさと位相角より，電流指令変換回路において

$$\left.\begin{aligned} i_{1u}^{*} &= I_1^{*}\sin(\omega^{*}t+\theta^{*}) \\ i_{1v}^{*} &= I_1^{*}\sin\left(\omega^{*}t+\theta^{*}-\frac{2\pi}{3}\right) \\ i_{1w}^{*} &= I_1^{*}\sin\left(\omega^{*}t+\theta^{*}+\frac{2\pi}{3}\right) \end{aligned}\right\} \tag{6.11}$$

として三相の電流指令値 I_1^{*} （i_{1u}^{*}, i_{1v}^{*}, i_{1w}^{*}）に変換，これらを実際の誘導機各相瞬時電流 i_1 （i_{1u}, i_{1v}, i_{1w}）と比較調整し，インバータの PWM 信号が形成される．

一次電流の大きさと周波数のみで制御するすべり周波数制御に対して，位相角の制御を加えたものがベクトル制御であるが，これにより過度振動を抑えた発生トルクが得られるようになり，負荷急変時の応答などが改善された．

6.2.2　同期電動機の駆動

同期電動機は電源周波数によって回転数が決まるので，インバータと組み合わせることで可変速駆動制御が可能となる．ここでは近年著しく進歩した**永久磁石同期電動機**（PMSM：permanent magnet synchronous motor）を用いた駆動系について説明する．同期電動機は同期速度で定トルクを発生するため開ループでも高精度な可変速駆動を実現することもできるが，回転子の磁極位置を検出しベクトル制御を行うことで直流機を凌ぐ性能を発揮できる．

詳細は省略するが，回転子の磁極位置に同期した回転座標変換を施すことで三相交流の諸量を直流量として取り扱うことができる．これは dq 変換と呼ばれている．いま，電機子抵抗を R，電機子インダクタンスを L，トルク定数を k_t，回転子機械角速度を ω_m，回転子電気角速度を ω_e，微分演算子を P とした場合，dq 軸の電圧方程式は次式で表される．

$$\left.\begin{aligned} v_q &= (R+LP)\,i_q + L\omega_e\,i_d + k_t\,\omega_m \\ v_d &= (R+LP)\,i_d - L\omega_e\,i_q \end{aligned}\right\} \tag{6.12}$$

両軸は互いに干渉しているが，干渉項をキャンセルするような制御指令値を与えることにより互いに独立した制御ができる．また同期機の発生トルク T_e は

$$T_e = k_t\,i_q \tag{6.13}$$

となり，q 軸電流を制御することで直流機と同等の制御が可能となる．一方で d 軸電流はトルクには寄与しないため，銅損を最少化にするには $i_d=0$ となる

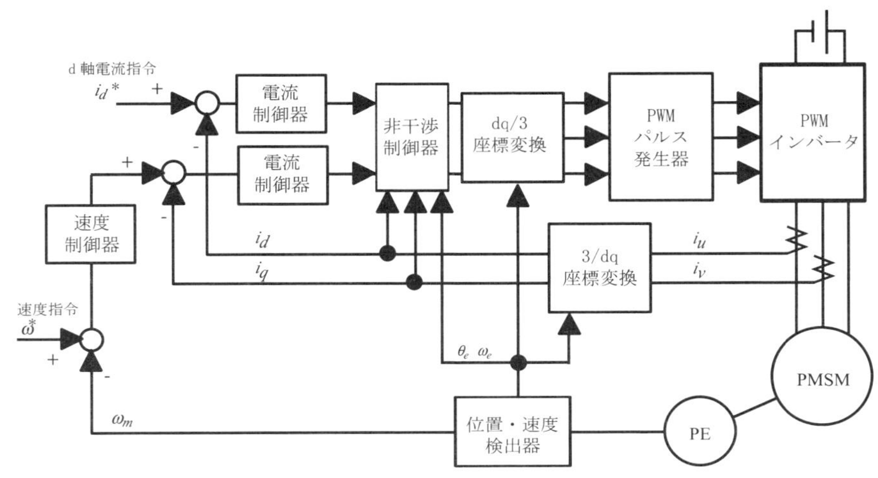

図 6.8 同期電動機のベクトル制御ブロック図

制御を行うのが一般的である.

実際には，座標変換やトルク制御，速度制御などの複雑な演算が必要であり，同期機の回転子位置検出機，制御演算装置，PWM 制御回路などが組み込まれたインバータ装置と PMSM とを一対の装置として使用することとなる．図 6.8 に PMSM 速度制御系の構成例を示す．

以上は回転子表面に永久磁石を張り付けた**表面磁石同期電動機**（SPMSM：surface permanent magnet synchronous motor）での説明であるが，近年は，リラクタンストルクも利用できる**埋込磁石同期電動機**（IPMSM：interior permanent magnet synchronous motor）が開発され産業用や車載用の電動機として利用されている．IPMSM では dq 軸インダクタンスが $L_d \neq L_q (L_d < L_q)$ であり，発生トルクは

$$T_e = k_t i_q + (L_d - L_q) i_d i_q \tag{6.14}$$

となり，d 軸に電流を流すことでリラクタンストルクを利用できる．また，突極性を利用した位置センサレス制御も提案されている．

6.3 電力系統への応用

電力系統とは発電から需要までのシステム全体のことをいう．北海道・東

北・東京の東日本の各電力会社が 50 Hz，中部・北陸・関西・中国・四国・九州・沖縄の各電力会社が 60 Hz の交流で送配電を行っている．電力会社は周波数や電圧の変動などを最小限に抑えて電力を需要家に供給しなければならない．両周波数間の緊急時の電力応援や安定化のために，2 つの周波数間には直流連系設備が設けられている．また，**FACTS**（flexible AC transmission system）と呼ばれるパワーエレクトロニクス技術を取り入れて電力系統の制御性を高めるシステムが導入されている．主な FACTS 機器としては，サイリスタ制御リアクトル（TCR：thyristor controlled reactor）や無効電力補償装置（STATCOM：static synchronous compensator），アクティブフィルタ（AF：active filter）などがある．

本節では，パワーエレクトロニクスの電力系統への応用例として，直流連系設備，太陽光発電システム，スマートグリッドと V2H について概説する．

6.3.1　直流連系設備

日本では，両周波数系統間の緊急時の電力応援や経済融通，安定化などの目的で 1965 年に佐久間周波数変換所で初めて直流連系設備が導入された．図 6.9 に**周波数変換所**の主回路構成図を示す．図 6.9 のように同じ変換器を背中合わせに結線しているため，この直流連系回路を **BTB**（back-to-back）と呼ぶ．佐久間周波数変換所の場合，変圧器を介して系統と接続された三相サイリスタ変換器により AC 275 kV（50 Hz あるいは 60 Hz）から DC 125 kV へ一度変換し，再度 AC 275 kV（60 Hz あるいは 50 Hz）に変換する直流連系により，異なる周波数間での電力融通を実現している．サイリスタのスイッチングによる

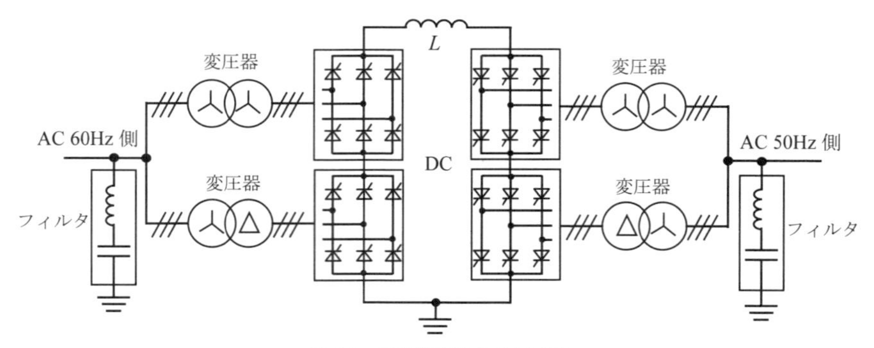

図 6.9　周波数変換所の主回路

高調波電流を吸収するため，各交流側にはフィルタが接続されている．現在では同様の設備が佐久間周波数変換所（定格容量 300 MW），新信濃周波数変換所（定格容量 600 MW），東清水周波数変換所（2006 年現在，定格容量 300 MW 中 100 MW のみ稼働）に設置されている．また，直流連系設備としては北海道–東北電力間の北本直流連系設備（定格容量 600 MW），北陸–中部電力間の南福光変電所（定格容量 300 MW），四国–関西電力間の紀伊水道直流連系設備（定格容量 2800 MW）がある．

最近では，GTO を用いた自励式 BTB 装置も開発されつつあり，従来のサイリスタ変換器を用いた他励式で生じる高調波電流などの問題の解決が期待されている．

6.3.2　住宅用太陽光発電システム

2011 年の東日本大震災を契機として，わが国の電気エネルギーをとりまく環境は大きく変化した．そうした中で，経済産業省は特定の電源に偏らず複数の電源をミックスして構成するエネルギーミックスの観点から，2030 年のエネルギー供給のあり方として再生可能エネルギーを全電源の 22〜24％とする構成を目指すこととなっている．こうした背景から，近年，蓄電機能を有する太陽光発電システムが普及し始めている．

図 6.10 に，蓄電機能付き住宅用太陽光発電システムを示す．太陽電池は特

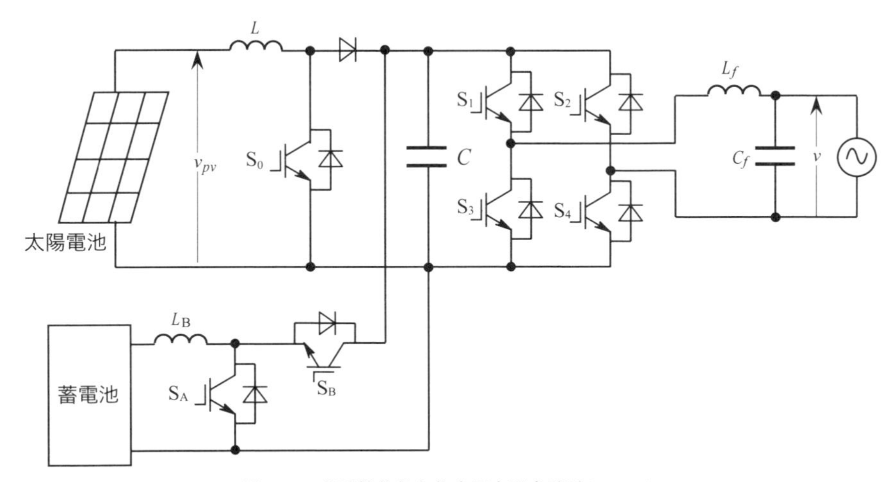

図 6.10　蓄電機能付き住宅用太陽光発電システム

定の電圧点で電力が最大となるため，十分な発電能力を引き出すにはその電圧点で電力を取り出す必要がある．太陽電池の最大電力点に追従する制御（MPPT: maximum power point tracking）を昇圧チョッパで行う．太陽電池の発電電力は直流電力であるため，電力会社へ売電するために交流へ変換するインバータを電力系統との間に接続し，逆潮流を行う．このような装置を特にパワーコンディショナ（PCS: power conditioning system）という．また，電力系統の停電時に家庭の負荷を利用するために蓄電池が昇降圧チョッパを介して接続されている．

6.3.3　スマートグリッドと V2H

エネルギー資源の確保や省エネルギーなどへの期待から，世界中で太陽光発電や風力発電などの分散型電源が大量に電力系統に連系されつつある．また，プラグインハイブリッドカー（PHEV：plug-in hybrid electric vehicle）や電気自動車（EV）など，電気エネルギー利用負荷の将来的な増加が見込まれている．このような分散型電源が既存の系統に多数連系されると電力網（grid）内の潮流制御が困難になり，大停電を引き起こす要因となりうる．日本では系統容量が小さく，電力の安定供給を脅かす恐れがあるため導入可能な再生可能エネルギーによる発電容量に制限がある．

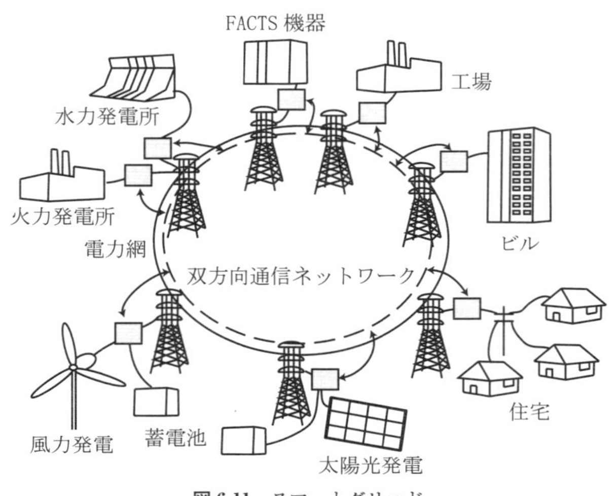

図 6.11　スマートグリッド

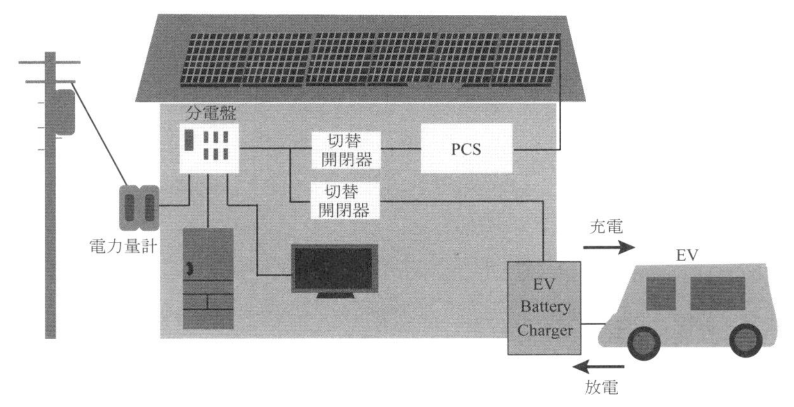

図 6.12　V2H システム

このような電力網の問題を解決するために図 6.11 に示す**スマートグリッド**（smart grid）が検討されている．発電量が天候に依存する発電システムや変動する負荷に対して双方向情報通信ネットワーク経由で大容量蓄電池や分散型電源，FACTS 機器を統合的に制御することで，系統の健全化を図りながら再生可能エネルギーの導入量を増すことができる．欧米各国を中心として現在，スマートグリッドに関する実証試験が行われており，実用化が期待されている．

また，電力のピークシフトを実現するためのシステムとして，V2H（vehicle to home）システムがある．図 6.12 に，V2H システムの構成図を示す．EV の充電には AC から DC に変換してバッテリーを充電するバッテリーチャージャが用いられる．このチャージャに DC から AC へ電力変換して家庭に電力供給できる機能を持たせることで，電力需要がピークとなる昼間に EV のバッテリーから放電させ，電力会社からの電力供給のピークシフトが可能となる．

演習問題

6.1　図 6.13 に示すように，降圧形チョッパによって直流直巻電動機を運転している．ただし，L_f は界磁巻線であり，回路損失は無視するものとする．

（1）　同じ回路要素を用いて回生制動を行わせるための結線を示せ．

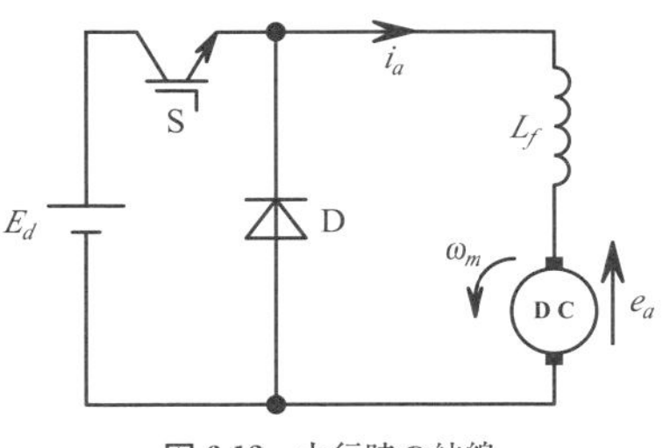

図 6.13　力行時の結線

（2） 回生制動運転における e_a の平均値 E_a と電源電圧 E_d の関係を求めよ．

6.2 図 6.14 に示す直流機ドライブ方式の動作可能領域を，図 6.3 に従って示せ．

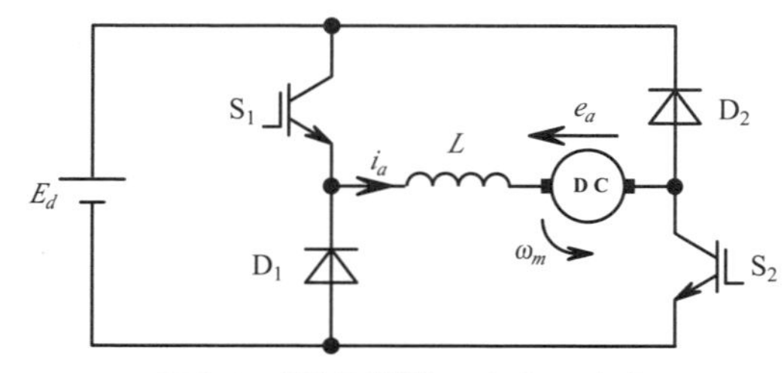

図 6.14　直流電動機ドライブの一方式

6.3（平成 5 年電験 1 種） 他励直流電動機があり，図 6.15 のようにチョッパ回路を介して直流電源に接続されている．**チョッパ率**（自己消弧素子のオン時間のオンオフ繰り返し周期に対する比）が 0.6，電動機電流が 100 A であるとき，次の問に答えよ．ただし，自己消弧素子およびダイオードの順電圧降下は 2 V，ブラシの電圧降下は片側 1 V，電動機の電機子巻線抵抗は 0.12 Ω，電動機に流れる電流は十分平滑であり，かつ平滑リアクトルの抵抗分は無視するものとする．

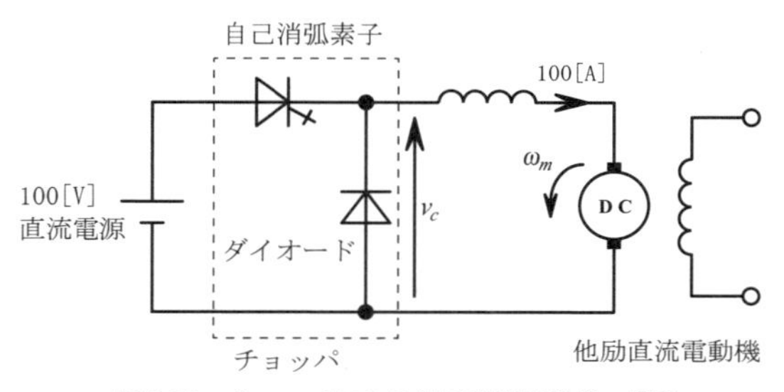

図 6.15　チョッパによる他励直流電動機の駆動

（1） 自己消弧素子がオンのときのチョッパ出力電圧 v_C を求めよ．
（2） 自己消弧素子がオフのときのチョッパ出力電圧 v_C を求めよ．
（3） チョッパ出力電圧 v_C の平均値を求めよ．
（4） チョッパの損失を求めよ．
（5） この運転状態における直流電動機の出力を求めよ．

6.4（平成元年電験 1 種） 定格出力 37 kW，定格電圧 200 V，定格周波数 50 Hz，極数 4，定格出力時のすべり 3% の三相かご形誘導電動機を可変電圧可変周波数のインバータで変速して遠心型ポンプを駆動している．遠心型ポンプの定格流量時の回転速度および軸出力は，それぞれ 1,450 rpm および 30 kW である．ポンプの流量を定格流量の 70% に減少させるためのインバータの出力周波数を求めよ．ただしインバータは V/f 一定制御を行い，電動機のトルクはすべり周波数に比例するものとする．

6.5（平成 19 年電験 1 種） 次の文章は，汎用インバータの制御回路構成に関する記述である．文中の［　　］に当てはまる語句を解答群から選び，その記号を示せ．

図 6.16 は，三相かご形誘導電動機を 2 レベル三相ブリッジ形のインバータによって速度制御する場合の制御回路構成例である．

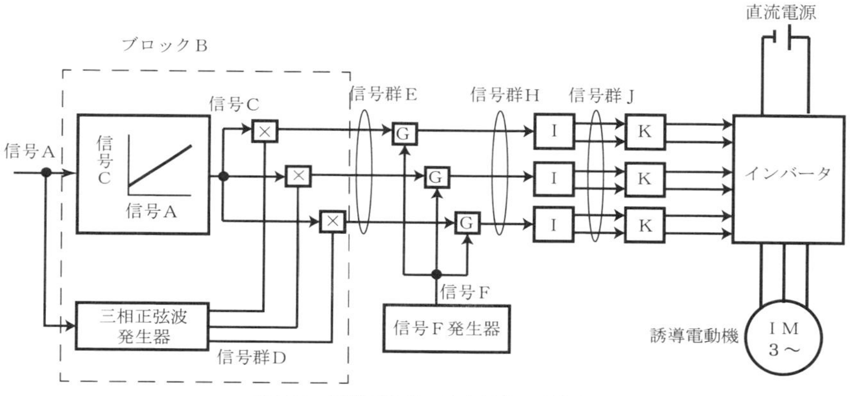

図 6.16 誘導電動機の速度制御回路構成

信号 A は周波数基準信号である．ブロック B の内部では，周波数基準信号にほぼ比例し，また出力電圧の振幅に比例した大きさの信号 C と，出力周波数と同一周波数，かつ一定振幅で位相差がそれぞれ 120° ずつずれた三相の正弦波信号群 D を発生させ，それらの積で 3 つの［(1)］となる信号群 E を生成する．この信号群 E を三角波などの［(2)］信号 F と 3 つの比較器 G で比較して，インバータの主回路を構成するパワーデバイス IGBT などの［(3)］を決める信号群 H を発生する．この部分は［(4)］制御と呼ばれる．

さらに，インバータ主回路の上下アームのパワーデバイスが短絡しないようにブロック I でデッドタイム処理を行い，パワーデバイスを駆動するためのゲートドライブ回路 K に 6 つのオン・オフ信号群 J を供給する．

このような速度制御方式を誘導電動機の［(5)］制御と呼ぶ．

【解答群】（イ）ベクトル，（ロ）キャリア，（ハ）位相，（ニ）スイッチングのタイミング，（ホ）電流基準，（ヘ）*V*/*f* 一定，（ト）トルク基準，（チ）基本波，（リ）オン電圧，（ヌ）すべり周波数，（ル）PWM，（ヲ）高調波，（ワ）電圧フィードバック，（カ）電圧基準，（ヨ）振幅

解　答

6.1

（1） 電機子電流を電源に逆らって流すように界磁回路の接続を変更すればよいので，図6.17のようになる．

（2） 回生制動運転時では，直流機は発電機として動作するので，

$$E_d=\frac{1}{1-D}E_a$$

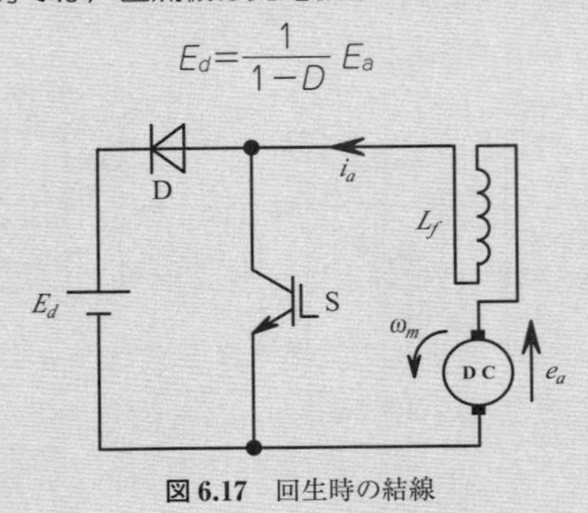

図6.17　回生時の結線

6.2 例として，S_2 がオンの状態で S_1 をオンオフ制御，S_1 がオフの状態で S_2 をオンオフ制御したときの動作を考えればよく，Ⅰ象限とⅣ象限．

6.3 チョッパ率は，本書ではデューティ比に相当する．また，自己消弧素子やブラシの電圧降下を考慮しなければならないので，

（1）98 V，（2）−2 V，（3）58 V，（4）200 W，（5）4,400 W．

6.4 遠心力ポンプの流量は回転速度に比例し，必要なトルクは回転速度の2乗に比例する．さらに，トルクがすべり周波数に比例するという条件を用いることにより，以下のように求まる．

$$f_2=\frac{N_2\times P}{120}+\frac{T_2}{T_1}s_1f_1=\frac{1015}{30}+\frac{96.81}{242.83}\times 0.03\times 50=34.43\ [\mathrm{Hz}]$$

6.5 （1）−（カ），（2）−（ロ），（3）−（ニ），（4）−（ル），（5）−（ヘ）

Tea Time

パワーエレクトロニクスとメカトロニクス

パワーエレクトロニクスとは，パワー（power）とエレクトロニクス（electronics）を組み合わせた造語である．ニュール（W. Newell）によって最初に提唱されたもので，現在では電力用半導体を用いて電力の変換および制御を

行う学問分野を指す語句として広く定着している．これと似たような言葉としてメカトロニクスがある．メカニクス（mechanics）とエレクトロニクス（electronics）を組み合わせた「電子化された機械装置」の意味で，1966 年に安川電機の技術者だった森 徹郎によって提案された和製英語であり，1972 年に安川電機の商標として登録された．その後，この言葉は広く広まり，近年は外国でも通じるようになったため安川電機が商標権を放棄し，一般名称として使われている．

7 付　　録

付録 1：数式を使いこなすために

【例題 7.1】 図 7.1 に示す方形波電圧 v をフーリエ級数に展開せよ．また，v の平均値，実効値および THD（総合ひずみ率）を求めよ．

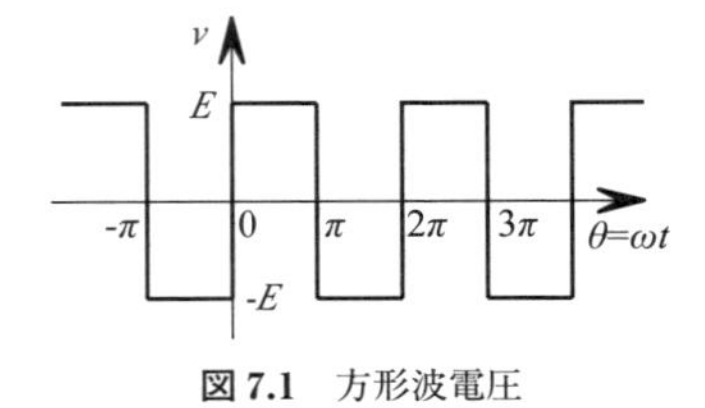

図 7.1　方形波電圧

【解答】 図 7.1 に示すような周期関数は，$\theta=\omega t$ としたとき，一般に

$$v=\frac{a_0}{2}+\sum_{n=1}^{\infty}(a_n\cos n\theta+b_n\sin n\theta) \qquad (7.1)$$

の形式のフーリエ級数に展開できる．ただし，n は高調波次数，$a_0/2$ は直流分を意味し，a_0，a_n，b_n は

$$a_0=\frac{1}{\pi}\int_0^{2\pi}vd\theta,\quad a_n=\frac{1}{\pi}\int_0^{2\pi}v\cos n\theta d\theta,\quad b_n=\frac{1}{\pi}\int_0^{2\pi}v\sin n\theta d\theta$$

で与えられる．なお，周期関数が偶関数あるいは奇関数のときは次の半区間展開が便利である．

偶関数のとき　$a_n=\frac{2}{\pi}\int_0^{\pi}v\cos n\theta d\theta,\quad b_n=0$

奇関数のとき　$a_n=0,\quad b_n=\frac{2}{\pi}\int_0^{\pi}v\sin n\theta d\theta$

図 7.1 の電圧は奇関数であるので，半区間展開を用いると

$$b_n=\frac{2}{\pi}\int_0^{\pi}v\sin n\theta d\theta=\frac{2}{\pi}\int_0^{\pi}E\sin n\theta d\theta=\frac{2E}{n\pi}(1-\cos n\pi) \qquad (7.2)$$

となり，v は

$$v=\frac{4E}{\pi}\left(\sin\theta+\frac{1}{3}\sin 3\theta+\frac{1}{5}\sin 5\theta+\cdots\right) \qquad (7.3)$$

のように展開される．

交流の平均値は正の半サイクルの平均で与えられるので，v の平均値 V_{ave} は

$$V_{\mathrm{ave}}=\frac{1}{\pi}\int_0^{\pi} v d\theta=\frac{1}{\pi}\int_0^{\pi} E d\theta=E \tag{7.4}$$

と計算される．また，**実効値**は RMS 値（root-mean-square value）を計算すればよいので，v の実効値 V_{rms} は

$$V_{rms}=\sqrt{\frac{1}{2\pi}\int_0^{2\pi} v^2 d\theta}=\sqrt{\frac{1}{2\pi}\left[\int_0^{\pi} E^2 d\theta+\int_{\pi}^{2\pi}(-E)^2 d\theta\right]}=E \tag{7.5}$$

となる．一方，総合ひずみ率あるいは ***THD***（total harmonic distortion）は，v の n 次高調波の実効値を V_n としたとき

$$THD=\frac{\sqrt{V_2^2+V_3^2+\cdots}}{V_1} \tag{7.6}$$

で定義される．ただし，V_1 は基本波の実効値，分子は全高調波の実効値の 2 乗平均である．したがって，

$$V_{rms}=\sqrt{V_1^2+V_2^2+V_3^2+\cdots} \tag{7.7}$$

であることを考慮すると，図 7.1 の電圧の THD は

$$THD=\frac{\sqrt{V_{rms}^2-V_1^2}}{V_1}=\frac{\sqrt{E^2-\left(\frac{4E}{\pi}\frac{1}{\sqrt{2}}\right)^2}}{\frac{4E}{\pi}\frac{1}{\sqrt{2}}}\cong 0.48 \tag{7.8}$$

となる．

【例題 7.2】 図 7.2 は共振スイッチコンバータやサイリスタの転流回路でよく現れる共振回路である．$t=0$ でスイッチ S を閉じたときの e_r，i_r を求めよ．ただし，コンデンサ C_r の初期電圧は図の極性で E（$E_d>E$）とする．

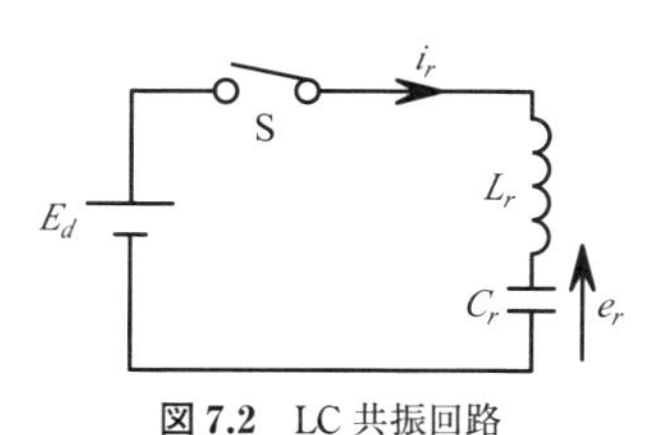

図 7.2　LC 共振回路

【解答】 スイッチ S がオンされたときの電圧方程式は

$$L_r\frac{di_r}{dt}+\frac{1}{C_r}\int i_r dt=E_d \tag{7.9}$$

である．コンデンサの電荷 q について

$$q=\int i_r dt \quad および \quad \frac{di_r}{dt}=\frac{d^2q}{dt^2}$$

が成り立つので，式（7.9）は次式のようになる．

$$L_r\frac{d^2q}{dt^2}+\frac{q}{C_r}=E_d \tag{7.10}$$

初期条件が $q(0)=C_rE$，$i_r(0)=0$ であることを考慮して式（7.10）を解くと

$$q=C_rE_d(1-\cos\omega_o t)+C_rE\cos\omega_o t \tag{7.11}$$

を得る．したがって e_r，i_r は

$$e_r=\frac{q}{C_r}=E_d(1-\cos\omega_o t)+E\cos\omega_o t \tag{7.12}$$

$$i_r=\frac{dq}{dt}=\sqrt{\frac{C_r}{L_r}}\,(E_d-E)\sin\omega_o t=\frac{E_d-E}{Z_o}\sin\omega_o t \tag{7.13}$$

となる．ただし，共振角周波数 ω_o，特性インピーダンス Z_o は，それぞれ

$$\omega_o=\frac{1}{\sqrt{L_rC_r}},\quad Z_o=\sqrt{\frac{L_r}{C_r}} \tag{7.14}$$

である．一般に e_r，i_r のピーク値は相当高くなり，半導体スイッチを用いた場合には電圧ストレスおよび電流ストレスが大きくなることに注意しなければならない．

【例題 7.3】　図 7.3 に示すように，バックコンバータの電源側に L_o，C_o からなる低域通過フィルタを接続した．電流 i_d，i_s の n 次高調波成分の実効値をそれぞれ I_{dn}，I_{sn} としたとき，I_{dn}/I_{sn} を求めよ．ただし，スイッチ S のスイッチング周波数 f_s はフィルタ共振周波数 f_o の 3 倍とする．

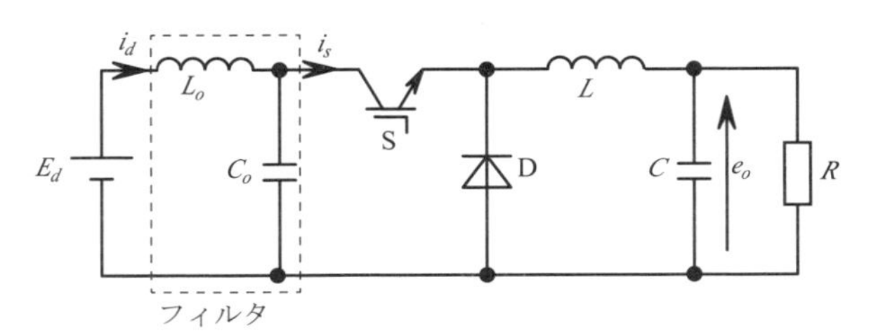

図 7.3　バックコンバータの入力フィルタ

【解答】　i_s は直流分と高調波の和からなる．したがって，これらを並列接続された別々の電流源として考えれば重ね合わせの原理が適用できる．いま，周波数 nf_s の n 次高調波電流を i_{sn} とし，電源として i_{sn} だけを考えると，他の電流源は開放，電圧源 E_d は短絡すればよい．したがって，i_{sn} はインピーダンスの逆比に比例して L_o と C_o に分流するので

$$\frac{I_{dn}}{I_{sn}}=\left|\frac{\dfrac{1}{jn\omega_sC_o}}{jn\omega_sL_o+\dfrac{1}{jn\omega_sC_o}}\right| \tag{7.15}$$

の関係が得られる．ただし $j=\sqrt{-1}$，$\omega_s=2\pi f_s$ である．フィルタの共振周波数が

$$f_o=\frac{1}{2\pi\sqrt{L_oC_o}}\quad かつ\quad \frac{f_s}{f_o}=3 \tag{7.16}$$

であることを考慮すると，式（7.15）は

$$\frac{I_{dn}}{I_{sn}}=\frac{1}{\left|1-\left(\frac{nf_s}{f_o}\right)^2\right|}=\frac{1}{(3n)^2-1} \tag{7.17}$$

となる．式（7.17）は，S のスイッチングで生じる高調波電流がフィルタによって減衰することを表している．

【例題 7.4】 DC–DC コンバータなどに PWM を適用したときには，電力用半導体スイッチのオン，オフに伴って不連続な動作が繰り返されるために，厳密な解析解を導くことは一般に複雑である．そこで**状態空間平均化法**（state-space averaging method）と呼ばれる近似解析法が用いられる．この状態空間平均化法について説明せよ．

【解答】 状態空間平均化法は，1 スイッチング周期における電圧および電流の平均値を変数として取り扱う近似解析法であり，DC–DC コンバータの解析手法として広く用いられている．状態空間平均化法が適用できる条件は，回路の固有周波数がスイッチング周波数より十分低いことである．通常，DC–DC コンバータには低域通過フィルタが用いられるので，この条件は一般には問題にならない．ただし，状態空間平均化法では DC–DC コンバータの設計に必要なリアクトル電流のピークリプルや出力電圧の脈動などスイッチング成分に関する情報を得ることはできない．このような情報を得るためには，別に厳密なシミュレーションを行わなければならない．ここでは，2.2～2.4 節で説明した DC–DC コンバータを例にとり，状態空間平均化法について説明する．

スイッチ S がオンあるいはオフしたときの回路方程式は，キルヒホッフの法則から

$$\dot{\boldsymbol{x}}=\boldsymbol{A}x+\boldsymbol{b}u \tag{7.18}$$

の形式の 1 階線形微分方程式で表される．これは**状態方程式**（state equation）と呼ばれ，$\boldsymbol{x}$ は状態ベクトル，$\boldsymbol{A}$ は状態係数行列，$\boldsymbol{b}$ は入力係数ベクトル，u は入力を表し，

$$\dot{\boldsymbol{x}}=\frac{d\boldsymbol{x}}{dt} \tag{7.19}$$

である．$\boldsymbol{x}$ の要素は**状態変数**（state variable）と呼ばれ，その選び方は一意的ではないが，回路の初期条件がリアクトルに流れる電流およびコンデンサの端子電圧を用いて表されることを考慮すると，状態変数としてリアクトル電流とコンデンサ電圧を使うと都合がよい．なお，状態空間平均化法を用いた定常解析では式（7.18）を直接解く必要がないので，状態方程式の解法については線形制御理論のテキストに譲るものとする．

いま簡単のため DC–DC コンバータが電流連続モードで動作し，スイッチ S が

オン，オフのときの状態方程式が，それぞれ

［オンのとき］
$$\dot{\boldsymbol{x}}=\boldsymbol{A}_1\boldsymbol{x}+\boldsymbol{b}_1u \tag{7.20}$$

［オフのとき］
$$\dot{\boldsymbol{x}}=\boldsymbol{A}_2\boldsymbol{x}+\boldsymbol{b}_2u \tag{7.21}$$

で表されると仮定する．ここで正の整数 k に対して，$kT \leq t \leq kT+T$ の 1 周期を考えると，S がオンおよびオフの状態における状態ベクトルの時間微分は近似的に

$$\dot{\boldsymbol{x}}(kT)=\frac{\boldsymbol{x}(kT+DT)-\boldsymbol{x}(kT)}{DT} \tag{7.22}$$

$$\dot{\boldsymbol{x}}(kT+DT)=\frac{\boldsymbol{x}(kT+T)-\boldsymbol{x}(kT+DT)}{(1-D)T} \tag{7.23}$$

と表される．ただし $\dot{\boldsymbol{x}}(kt)$，$\dot{\boldsymbol{x}}(kT+DT)$ は，それぞれ S がオンのときの $t=kT$ およびオフのときの $t=(k+D)T$ における状態ベクトルの時間微分を示し，D はデューティ比である．一般に $\boldsymbol{x}$，u は時間の関数であるが，ここでは簡単のため入力 u を一定と仮定し，式（7.22），（7.23）を式（7.20）および（7.21）に適用すると，S がオンおよびオフの状態における離散化された状態方程式は

$$\boldsymbol{x}(kT+DT)=\boldsymbol{x}(kT)+DT[\boldsymbol{A}_1\boldsymbol{x}(kT)+\boldsymbol{b}_1u] \tag{7.24}$$

$$\boldsymbol{x}(kT+T)=\boldsymbol{x}(kT+DT)+(1-D)T[\boldsymbol{A}_2\boldsymbol{x}(kT+DT)+\boldsymbol{b}_2u] \tag{7.25}$$

となる．したがって，スイッチング周波数が十分高いときには周期 T に関する 2 次の微小項は無視できるので

$$\frac{\boldsymbol{x}(kT+T)-\boldsymbol{x}(kT)}{T}=[D\boldsymbol{A}_1+(1-D)\boldsymbol{A}_2]\boldsymbol{x}(kT)+[D\boldsymbol{b}_1+(1-D)\boldsymbol{b}_2]u \tag{7.26}$$

の関係が得られる．式（7.26）の左辺は，1 スイッチング周期で考えた $\dot{\boldsymbol{x}}(kT)$ に近似的に等しいので

$$\dot{\boldsymbol{x}}(kT)=[D\boldsymbol{A}_1+(1-D)\boldsymbol{A}_2]\boldsymbol{x}(kT)+[D\boldsymbol{b}_1+(1-D)\boldsymbol{b}_2]u \tag{7.27}$$

となり，逆にこれを連続化すると

$$\dot{\boldsymbol{x}}=[D\boldsymbol{A}_1+(1-D)\boldsymbol{A}_2]\boldsymbol{x}+[D\boldsymbol{b}_1+(1-D)\boldsymbol{b}_2]u \tag{7.28}$$

で表される状態空間平均化方程式が得られる．式（7.28）を改めて式（7.18）の形式で表現すると，$\boldsymbol{A}$ および $\boldsymbol{b}$ は

$$\boldsymbol{A}=D\boldsymbol{A}_1+(1-D)\boldsymbol{A}_2 \tag{7.29}$$

$$\boldsymbol{b}=D\boldsymbol{b}_1+(1-D)\boldsymbol{b}_2 \tag{7.30}$$

となる．ただしデューティ比 D をフィードバック制御しているときには，D は $\boldsymbol{x}$ の要素である出力電圧の関数なので，得られた状態空間平均化方程式は非線形であることに注意しなければならない．

なお，状態空間平均化は電流不連続モード動作の場合にも適用可能である．バックコンバータを例にあげると，図 2.6 に示したように $t=T_{on}$ からリアクトル電流が 0 になるまでの時間が D_dT であるとし，リアクトル電流が 0 のときの状態係数行列および入力係数ベクトルをそれぞれ $\boldsymbol{A}_3$，$\boldsymbol{b}_3$ とすると，この期間が $(1-D-D_d)T$ であるから，$\boldsymbol{A}$ および $\boldsymbol{b}$ は

$$\boldsymbol{A}=D\boldsymbol{A}_1+D_d\boldsymbol{A}_2+(1-D-D_d)\boldsymbol{A}_3 \tag{7.31}$$

$$\boldsymbol{b}=D\boldsymbol{b}_1+D_d\boldsymbol{b}_2+(1-D-D_d)\boldsymbol{b}_3 \tag{7.32}$$

となる．定常状態では，リアクトル電流およびコンデンサ電圧の平均値は変化しないと考えることができるので，状態ベクトルの時間微分 $\dot{\boldsymbol{x}}$ を

$$\dot{\boldsymbol{x}}=\boldsymbol{0} \tag{7.33}$$

として方程式を解けば，リアクトル電流およびコンデンサ電圧を求めることができる．一般に，コンバータが複雑になるほど厳密な解析は困難になり，このような場合には，煩雑な計算を必要としない状態空間平均化法が有用である．

【例題 7.5】 図 7.4 に示したバックコンバータに状態空間平均化法を適用して入出力の関係を導出せよ．ただしリアクトル L の抵抗を r とし，電流連続モードで動作しているものとする．

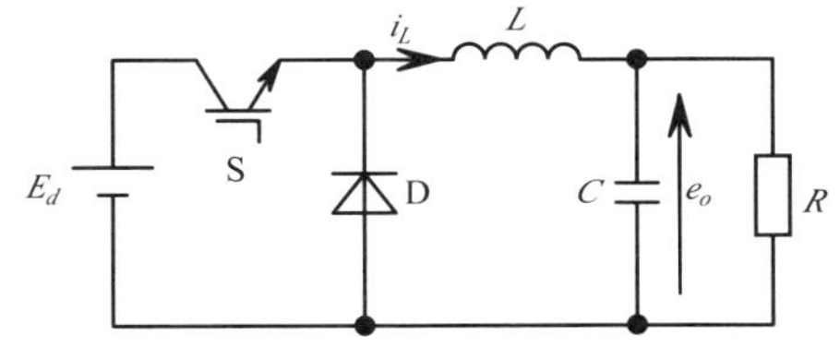

図 7.4　バックコンバータ

【解答】 スイッチ S がオンのときは，キルヒホッフの法則から

$$\frac{di_L}{dt}=-\frac{r}{L}i_L-\frac{1}{L}e_o+\frac{1}{L}E_d \tag{7.34}$$

$$\frac{de_o}{dt}=\frac{1}{C}i_L-\frac{1}{CR}e_o \tag{7.35}$$

が得られる．一方，S がオフのときには電源が切り離されるので

$$\frac{di_L}{dt}=-\frac{r}{L}i_L-\frac{1}{L}e_o \tag{7.36}$$

$$\frac{de_o}{dt}=\frac{1}{C}i_L-\frac{1}{CR}e_o \tag{7.37}$$

となる．状態ベクトル $\boldsymbol{x}$ および入力 u を

$$\boldsymbol{x}=\begin{bmatrix} i_L \\ e_o \end{bmatrix},\quad u=E_d \tag{7.38}$$

として，式（7.20）および式（7.21）の形式で表現すれば

$$\boldsymbol{A}_1=\begin{bmatrix} -\dfrac{r}{L} & -\dfrac{1}{L} \\ \dfrac{1}{C} & -\dfrac{1}{CR} \end{bmatrix},\quad \boldsymbol{b}_1=\begin{bmatrix} \dfrac{1}{L} \\ 0 \end{bmatrix} \tag{7.39}$$

$$\boldsymbol{A}_2=\begin{bmatrix} -\frac{r}{L} & -\frac{1}{L} \\ \frac{1}{C} & -\frac{1}{CR} \end{bmatrix},\quad \boldsymbol{b}_2=\begin{bmatrix} 0 \\ 0 \end{bmatrix} \tag{7.40}$$

である．ここで状態空間平均化法を適用すると，$\boldsymbol{A}$，$\boldsymbol{b}$ は式（7.29），（7.30）より

$$\boldsymbol{A}=D\boldsymbol{A}_1+(1-D)\boldsymbol{A}_2=\begin{bmatrix} -\frac{r}{L} & -\frac{1}{L} \\ \frac{1}{C} & -\frac{1}{CR} \end{bmatrix} \tag{7.41}$$

$$\boldsymbol{b}=D\boldsymbol{b}_1+(1-D)\boldsymbol{b}_2=\begin{bmatrix} \frac{D}{L} \\ 0 \end{bmatrix} \tag{7.42}$$

となる．定常状態では式（7.33）の関係が成立するので，i_L，e_o を一定値 I_L，E_o に置き換えると

$$\begin{bmatrix} -\frac{r}{L} & -\frac{1}{L} \\ \frac{1}{C} & -\frac{1}{CR} \end{bmatrix}\begin{bmatrix} I_L \\ E_o \end{bmatrix}+\begin{bmatrix} \frac{D}{L} \\ 0 \end{bmatrix}E_d=\mathbf{0} \tag{7.43}$$

が導かれる．すなわち，

$$E_o=DE_d-rI_L,\quad I_L=\frac{E_o}{R} \tag{7.44}$$

となり，出力電圧 E_o は DE_d から抵抗による電圧降下 rI_L を差し引いた値で与えられることがわかる．なお，$r=0$ の場合は式（2.20）と一致する．

付録２：パワーエレクトロニクスの理解を深めるために

パワーエレクトロニクス回路のスイッチング動作とそれに伴う各素子を流れる電流の観測などを行うことでパワーエレクトロニクス回路の理解を深めることができる．本書では，パワーエレクトロニクス分野でよく用いられる回路シミュレータとしてPSIMとPLECSを紹介する．本書で説明したパワーエレクトロニクス基本回路をシミュレータで動作確認するためのファイルは朝倉書店ウェブサイト（http://www.asakura.co.jp/）の本書サポートページよりダウンロードできる．

【PSIM】

パワーエレクトロニクス回路に適した計算機シミュレータの１つとしてPSIM（Powersim社）がある．PSIMは，電力用半導体素子や電力用機器をモデル化した，回路図ベースのシミュレーションソフトウェアである．オプションモジュールとして，Motor Drive ModuleやRenewable Energy Moduleなど多種のモジュールが用意されており，トライアル版や有償版で利用できる．PSIMは，主回路や制御回路を入力するSIMCADと計算結果の表示および解析を行うSIMVIEWの２つから構成されており，容易にパワーエレクトロニクス回路を作成し，動作確認ができる．

素子数や表示データ数に制限のあるPSIMデモ版は，国内販売代理店であるMywayプラス社のウェブサイト（http://www.myway.co.jp/）よりダウンロードできる．本書で取り扱う回路はデモ版でほぼ作成可能であり，シミュレーションにより回路の時間応答などを確認できる．

【PSIMの使用方法】

①SIMCADに回路を作成：主回路，制御回路およびセンサのブロックをSIMCAD上に配置する．回路部品のパラメータやセンサの名称などをSIMCAD上で設定する．

②シミュレーションの条件設定：シミュレーションの実行時間や計算の刻みなどを“Simulation Control”に設定する．シミュレーションの確かさを決定する項目でもあるので，適切に設定する必要がある．また，デモ版ではデータ総数が6000個までである点に注意が必要である．

③シミュレーションの実行と解析：これまでにすべての設定を終えたら，シミュレーションを実行する．実行終了後にSIMVIEWが立ち上がる．波形表示させたい箇所の信号名を選択することで，波形を確認できる．なお，②までに設定・接続不良があると，実行が開始されないので不良点を解消しておく必要がある．

【PLECS】

パワーエレクトロニクスシステムの全体を高速にシミュレーション可能なソフトウェアとしてPLECS（Piece-wise Linear Electrical Circuit Simulation）がある．

PLECS（Plexim 社）は，パワーエレクトロニクスシステム用シミュレータであり，電気，磁気，熱（損失），機械のモデルを連携的に扱うことができる特長を持つ．

PLECS は，単独環境で動作する PLECS Standalone と MATLAB/Simulink 環境で使用する PLECS Blockset の 2 つのエディションがある．ここでは，PLECS Standalone について紹介する．

PLECS Standalone は，Plexim 社ウェブサイト（http://www.plexim.com/ja/home）よりダウンロードできる．ライセンスを購入しない場合は，ソフトウェアをインストールすればデモ版として PLECS を利用できる．ただし，デモ版の場合は作成した回路を保存できないこと，ソフトウェアの起動から 60 分でソフトウェアが強制終了するので注意が必要である．また，Plexim アカデミーとしてウェブベースで用意されているパワーエレクトロニクス回路を実行することもできる（http://www.plexim.com/ja/academy）．

【PLECS の使用方法】

①新規ウィンドウに回路を作成：PLECS Standalone を起動すると，ライブラリブラウザが立ち上がるので，ライブラリブラウザから，新規モデルを作成する．この新規モデル上にライブラリブラウザにある回路モデルなどを配置して，シミュレーションを行う回路を構築する．なお，波形の観測には Scope を用いて，表示させるセンサ信号と接続する必要がある．

②シミュレーションの条件設定：シミュレーションの実行時間や計算の刻みなどを“シミュレーション・パラメータ”に設定する．シミュレーションの確かさを決定する項目でもあるので，適切に設定する必要がある．

③シミュレーションの実行と解析：これまでにすべての設定を終えたら，シミュレーションを実行する．シミュレーション実行中も Scope に実行結果が表示されるので，実行完了まで待たずに波形を観測できる．Scope には，実効値や FFT などの解析機能が備えられている．

索　　引

欧数字

ア　行

カ　行

マ　行

ヤ　行

ラ　行

著者略歴

小山　純（おやま じゅん）

1942年　熊本県に生まれる
1969年　九州大学大学院工学研究科電気工学専攻博士課程修了
現　在　長崎大学名誉教授
　　　　工学博士

根葉保彦（ねば やすひこ）

1957年　福岡県に生まれる
1985年　九州大学大学院工学研究科電気工学専攻博士課程修了
現　在　福岡大学工学部電気工学科
　　　　教授・工学博士

花本剛士（はなもと つよし）

1961年　山口県に生まれる
1986年　九州工業大学大学院工学研究科 電気工学専攻修士課程修了
現　在　九州工業大学大学院生命体工学研究科
　　　　教授・博士（工学）

山田洋明（やまだ ひろあき）

1979年　広島県に生まれる
2007年　山口大学大学院理工学研究科システム工学専攻博士後期課程修了
現　在　山口大学大学院創成科学研究科
　　　　准教授・博士（工学）

パワーエレクトロニクス入門 第3版　　定価はカバーに表示

1999年12月1日　初　版第1刷
2012年2月15日　第2版第1刷
2018年3月25日　第3版第1刷
2022年8月10日　　　　第4刷

著　者　小　山　　　純
　　　　根　葉　保　彦
　　　　花　本　剛　士
　　　　山　田　洋　明
発行者　朝　倉　誠　造
発行所　株式会社　朝　倉　書　店
　　　　東京都新宿区新小川町 6-29
　　　　郵 便 番 号　162-8707
　　　　電　話　03(3260)0141
　　　　FAX　03(3260)0180
　　　　http://www.asakura.co.jp

〈検印省略〉

ISBN 978-4-254-22063-6　C 3054